AF643817

DIE GROSSEN VOLKSWAGEN

TYP 3 – TYP 4 – KARMANN-GHIA

Eberhard Kittler / Joachim Kuch

Motor buch Verlag

Impressum

Einbandgestaltung: Luis dos Santos,
unter Verwendung von Fotos aus dem Archiv der Autoren

Sämtliche abgebildeten Prospektseiten und Teile daraus, Magazinseiten, Inserate und darin aufscheinende Fotografien sind urheberrechtlich den jeweiligen Herstellern und Medien geschützt.

Eine Haftung des Autors oder des Verlages und seiner Beauftragten für Personen-, Sach- und Vermögensschäden ist ausgeschlossen.

ISBN 978-3-613-04440-1

Copyright © by Motorbuch Verlag, Postfach 103743, 70032 Stuttgart.
Ein Unternehmen der Paul Pietsch-Verlage GmbH & Co. KG

1. Auflage 2022

Sie finden uns im Internet unter WWW.MOTORBUCH-VERLAG.DE

Nachdruck, auch einzelner Teile, ist verboten. Das Urheberrecht und sämtliche weiteren Rechte sind dem Verlag vorbehalten. Übersetzung, Speicherung, Vervielfältigung und Verbreitung einschließlich Übernahme auf elektronische Datenträger wie DVD, CD-ROM usw. sowie Einspeicherung in elektronische Medien wie Internet usw. ist ohne vorherige Genehmigung des Verlages unzulässig und strafbar.

Lektorat: Joachim Köster
Innengestaltung: tebitron gmbh, Gerlingen
Druck und Bindung: Conzella, 85609 Aschheim-Dornach
Printed in Germany

Inhalt

Vorwort

Die 50er-Jahre, das waren die Hoch-Zeiten des Käfer. Er war im Straßenbild, nicht nur der Bundesrepublik, nahezu allgegenwärtig. Doch Ende des Jahrzehnts machte sich eine gewisse Käfer-Müdigkeit breit, und die Rufe nach einem anderen und vor allem größeren Volkswagen wurden immer lauter.

Wolfsburg reagierte schließlich und verpackte 1961 die Käfer-Technik mit dem Typ 3 in eine moderne Ponton-Karosserie. Der gewünschte Befreiungsschlag gelang damit aber nicht, denn der neue Wagen war zwar größer als der Käfer, aber nicht der erhoffte »Große Volkswagen«. Also beorderte Nordhoff seine Konstrukteure zurück ans Zeichenbrett, und die Entwickler versuchten, aus dem einengenden technischen Korsett von luftgekühltem Boxermotor und Heckmotor das Optimum herauszuholen. So entstand der Typ 4, der bis dahin größte Volkswagen-Pkw überhaupt. Doch auch er geriet nicht zum ersehnten Mittelklasse-Volkswagen. Tatsächlich wurden beide Baureihen, der Typ 3 wie auch der Typ 4, zunächst mit Häme und Spott überschüttet und von der Sammlerszene lange ignoriert: Wenn schon ein alter VW, dann einen Käfer oder einen Bulli.

Inzwischen aber begegnet man beiden mit nostalgisch eingefärbtem Wohlwollen und sogar echter Sympathie. Die beiden Großen sind mittlerweile ziemlich cool, kein Wunder, dass sich ganz allmählich eine verschworene Enthusiastenszene entwickelt hat. Mit Mitstreitern aller Altersklassen und Professionen, mit Spezialisten, Clubs und Ersatzteilhändlern. Auch die Preise zogen an, was nicht allein – klar – für den Karmann Typ 34 gilt, sondern auch für die Limousinen und Variants.

Wir Autoren hatten uns schon längere Zeit mit den Luftgekühlten beschäftigt, ohne aber die Großen so richtig zu würdigen, sieht man von diversen zu Papier gebrachten Darstellungen zum Thema VW allgemein (Lothar Boschen, *Das große Buch der Volkswagen-Typen*; Motorbuch, 1983; Joachim Kuch, *Volkswagen-Modellgeschichte, Bd. 1*; Motorbuch, 1998) und dem 2010 erschienenen schmalen Buch von Achim Gaier über den Typ 3 und den Typ 34 (*VW 1500/1600 Typ 3*, Motorbuch Stuttgart) ab. Das erste Standardwerk zu Typ 3 und 4 verfasste HG Mayer-Stein (*Die großen VW*; Karl-Goerner-Verlag, Karlsruhe), es ist mittlerweile vergriffen. Und die Dokumentationen von Autoren aus dem englischen Sprachraum wie Marc Cranswick (*Volkswagen Type 4* The Final Rear Engined VW Cars; Veloce Publishing, 2021) und Simon Glen (*Volkswagen Typ 3 Geschichte*; Heel, 2021) ließen noch viel Luft nach oben. Wir waren – und sind – jedenfalls überzeugt, dass noch längst nicht alles recherchiert und erzählt ist und dass es genügend Bedarf für ein neues, noch umfassenderes Buch mit mehr Tiefgang geben würde.

Einer von uns, Eberhard Kittler, führte daraufhin zahllose Gespräche mit den Aktiven aus der Szene. Er kennt das Markenumfeld wie kaum ein Zweiter, denn nach spannenden Jahren als Motorjournalist bei verschiedenen Auto- und Oldtimer-Magazinen leitete er für ein Jahrzehnt mit Herzblut das Klassikgeschehen von Volkswagen. Seine schwierigste, wenngleich auch reizvollste Aufgabe war, die im Schatten der Autostadt dümpelnde Stiftung AutoMuseum Volkswagen wieder mehr in die Öffentlichkeit zu bringen. Das ist ihm bekanntermaßen gelungen, er hat ihre reichhaltigen Schätze – Exponate, Unterlagen, Zubehör – zumindest teilweise gehoben. So konnte er viel verschollen Geglaubtes wieder bergen, Zeitzeugen befragen und chronologische Abläufe wie auch technische Zusammenhänge rekonstruieren.

Vor diesem Hintergrund war es uns ein großer Ansporn und eine besondere Verpflichtung, gerade den markentreuen, »gusseisernen« Fans gegenüber, das Potenzial eines solchen neuen Buches über die

Großen Volkswagen voll auszuschöpfen. Ungeachtet der permanenten Beschäftigung mit dem faszinierenden Thema war es uns klar, dass es nicht genügte, »nur« das Historische Archiv der Volkswagen AG, das frühere (leider nicht mehr existente) Archiv von Karmann in Osnabrück und die Stiftung AutoMuseum zu belagern – was nichts an der Tatsache ändert, dass den Vertretern dieser Anlaufstellen unbedingt und herzlichst für ihre Unterstützung gedankt werden muss.

Wir suchten daher den Kontakt zu Menschen, die es ganz genau wissen mussten. Dass wir auf dem richtigen Weg sein würden, war spätestens dann klar, als die etablierten Spezialisten aus der Clubszene – verständlicherweise ansonsten die schärfsten Kritiker halbherzig verfasster Typenliteratur – sofort und ohne Wenn und Aber ihre Unterstützung anboten. Und fortan mit viel Geduld und Akkuratesse immer wieder halfen, kritisierten und richtigstellten. Genannt seien hier – in alphabetischer Reihenfolge – zuallererst Jörg Fischer (Darmstadt), Jürgen Klein (Bovenau) und Dr. Waldemar Walde (Hünstetten). Ihnen gebührt unendlicher Dank, erwies sich doch ihre Mitarbeit als ein Riesengewinn.

Danke auch den vielen anderen Unterstützern, namentlich Nicholas Batten, Dr. Michael Dünnebier, Gerrit Kreeftenberg, Marcel Leifer, Tobias Ludwig, Andreas Mertzbach (für die Typ 4-Freunde), Jens Torner (für das Porsche-Archiv), Klaus-Dieter Ulrich und Horst-Dieter Valentini (für den Typ 3 Liebhaber e.V.), um nur einige zu nennen.

Manche Fakten konnten dennoch nicht aufgeklärt werden, wiewohl auch zahlreiche Zeitschriften wie *Auto Motor und Sport, Mot, AutoBild Klassik, Classic Cars, Oldtimer-Markt, VW Classic Magazin, Clubzeitschrift Typ 3 Liebhaber e.V., ASC-Clubzeitschrift Das Schnauferl* zu Rate gezogen wurden. Wir freuen uns darum über jede Ergänzung oder Richtigstellung. Und laden herzlich dazu ein, die Faszination jener Fahrzeuge zu entdecken, mit denen Volkswagen einen wichtigen Zwischenschritt Richtung Gegenwart machte, bevor die neue Modellgeneration Passat/Golf/Polo das Unternehmen am Mittellandkanal wieder auf Erfolgskurs gebracht hat.

Im Februar 2022

Eberhard Kittler
Joachim Kuch

(ETH Zürich, Bildarchiv / CC-BY-SA 4)

Kapitel 1: Die Suche nach einem neuen Käfer

Schon Mitte der 50er wollten die Rufe nach einem Käfer-Nachfolger nicht mehr verstummen. In den Medien wurde schon heftig spekuliert, wie denn der Nachfolger aussehen sollte – und das weltweit. Die Zeit bis dahin überbrückte man mit Stylingwettbewerben – so einen wie »Road & Track«, die führende US-Automobilzeitschrift, im Frühjahr 1956 ausschrieb. Besonders gut kam der Entwurf von Automobildesigner R.H. Gurr an, der am Lincoln Continental Mark II mitgearbeitet hatte und für das neu eröffnete Disneyland Fahrzeugentwürfe beigesteuert hatte. Er schuf auf Käfer-Chassis einen typischen US-Straßenkreuzer mit Panoramascheiben, filigraner B-Säule und sanft abfallenden Coupédach. Das neue Heckflossen-Design wurde auch deutschen Lesern vorgestellt, doch die Diskussion um den Gurr-Käfer, der lediglich auf dem Papier existierte, fand nur in der Presse statt: Wolfsburg zeigte sich unbeeindruckt, reagierte dann aber zunehmend nervöser. 1957 schrieb Alexander Spoerl, Verfasser des Bestsellers »Mit dem Auto auf du« im »Stern«, der VW sei veraltet. Nordhoff aktivierte daraufhin die VW-Rechtsabteilung, die dann zu dem Schluss kam, dass der Artikel »bestellt« sei und mit Klage drohte. Deutschlands auflagenstärkstes Technik-Magazin »hobby« (Auflage: über 400.000 Exemplare, mehr als alle Auto-Fachmagazine zusammen), fragte provokativ »Muß der VW so sein?« und empfahl den Wechsel zur Ponton-Karosse. »Kluge Reden am falschen Kamin«, moserte daraufhin Dieter Korp in »auto motor und sport«, berichtete von Blechstärken, einem eventuell notwendigen stärkeren Chassis und von den höheren Kosten. Daraufhin schaltete sich die monatlich erscheinende Konkurrenz von »automobil-Technik und Sport« ein und ritt im Februar 1959 eine scharfe Attacke gegen die Stuttgarter Kollegen. Der Artikel sei schädlich für das Volkswagenwerk

Die charakteristische Käfer-Form wirkte allerdings schon zur Hoch-Zeit des Volkswagens etwas angejahrt. Zumindest in den Medien wurden Alternativen gefordert.

Luft kocht nicht, Luft gefriert nicht – das war das Argument der Befürworter der luftgekühlten Boxermotoren. Luft heizt aber auch nicht, hielten die Verfechter moderner Motorkonzepte dagegen. (ETH Zürich, Bildarchiv/CC-BY-SA 4.0)

Nordhoff-Nachfolger wurde der ehemalige Stabsoffizier Kurt Lotz (1912 – 2005). Er stand vor der Aufgabe, den Wolfsburger Konzern in die Zukunft zu führen. Er agierte glücklos und eckte mit seinem autoritären Führungsstil überall an. Im Herbst 1971 musste er gehen. (Volkswagen)

Carls H. Hahn (*1926) gehört zu den prägenden Gestalten der VW-Geschichte. Er baute ab 1958 das Amerika-geschäft auf und war einer der wichtigsten Befürworter eines »Große Volkswagen«. (Volkswagen)

Das war das Problem: Der allgegenwärtige Käfer ließ kaum Raum für eine zweite Modellreihe: Momentaufnahme vom Gotthardpass, Sommer 1962. (ETH Zürich, Bildarchiv/CC-BY-SA 4.0)

(»Bärendienst«), denn er erwecke den Eindruck, als ob die Wolfsburger, selbst wenn sie wollten, keine neue Karosserie zustande brächten. Danach beruhigte sich die Diskussion ein wenig, zumal Nordhoff sowieso kaum vorhatte, das Käfer-Konzept zu ändern: »Die Verbesserungen werden auch weiterhin unsere Modellwechsel darstellen.«

Nordhoff unter Druck

Doch allen Rekordzahlen zum Trotz: In den 60er Jahren geriet der deutsche Manager mit der größten Machtfülle zusehends unter Druck. 1962 etwa versuchte der damalige Wirtschaftsminister und Vizekanzler Ludwig Erhard, in die Geschäftspolitik des Volkswagenwerkes einzugreifen.

Am 21. März 1962 hatte sich Erhard über Funk und Fernsehen an die Öffentlichkeit gewandt und seine später berühmte Maßhalte-Rede gehalten: »Ich wende mich an das deutsche Volk in einer ernsten Stunde, in der es gilt, durch ein verantwortungsbewusstes Handeln sich schon abzeichnende gefährliche Entwicklungen rechtzeitig zu unterbinden, um Unheil von unserem Lande abzuwenden…« Damit reagierte er auf die (in seinen Augen) maßlosen Forderungen der Gewerkschaften: 5,2 Prozent wollten die 1,3 Millionen Bauarbeiter, der Öffentliche Dienst forderte neun Prozent, und die 220.000 in der IG Metall organisierten Stahlarbeiter hatten zehn Prozent und eine zusätzliche Urlaubswoche auf der Wunschliste gesetzt. Erhard war noch erboster, als VW mit Wirkung zum 1. April den Inlandspreis für den VW 1200 um 240 auf 4.980 Mark zu erhöhen. Eben noch hatte er alle zur Mäßigung aufgerufen, und keiner kümmerte sich darum. Noch nicht einmal das Volkswagenwerk, und da war der Staat schließlich Großaktionär und saß im Aufsichtsrat. Also setzte der Vizekanzler – der während Adenauers Urlaub in Cadenabbia die Regierungsgeschäfte führte – dort den Hebel an, doch Nordhoff blieb stur: Es sei zwar bedauerlich, dass die Fernsehrede von Professor Erhard »zeitlich mit unserer Maßnahme kollidiert«, doch

Volkswagen wurde zum Gefangenen seines eigenen Erfolgs: Zum Käfer fanden die Wolfsburger lange keine Alternative. (ETH Zürich, Bildarchiv/CC-BY-SA 4.0)

Der Herr der Käfer: Heinrich Nordhoff (1899-1968) macht Volkswagen zum größten Automobilhersteller weltweit. Doch der gigantische Erfolg verhinderte die Entwicklung eines modernen Nachfolgers. (Volkswagen)

Der Käfer war der automobile Bestseller der Wirtschaftswunderjahre: Nach den Werksferien im August 1959 lief der dreimillionste Volkswagen vom Band. (Volkswagen)

gelte es, die »Zukunft des Volkswagenwerkes sicherzustellen«. Von der Hand zu weisen war dieses Argument nicht: Die Metallwerker hatten eine Lohnerhöhung von 10,8 Prozent ausgehandelt, ein Teil jener Kosten suchte Nordhoff über diese Preiserhöhung abzufangen. Erhard antwortete mit einem Kabinettsbeschluss, in dem die Bundesregierung ihr Befremden äußerte, dass die Preiserhöhung nicht zurückgenommen wurde. Als auch das nicht fruchtete, forderte die CDU/CSU Fraktion (auf Anregung von Erhard) die Regierung Anfang Mai auf, die Einfuhrzölle für ausländische Automobilimporte zu senken. Zur Monatsmitte war die Zollsenkung beschlossen – übrigens gegen den Willen von Bundeskanzler Adenauer, dem die Fraktion erstmals die Gefolgschaft verweigert hatte.

Nach 1963 stiegen die Zulassungszahlen der ausländischen Anbieter allmählich an. Vor allem Renault, Simca und Fiat legten zu. »Der Spiegel« suchte nach Ursachen und zog zu Vergleiche: In der Wintersaion 1965/66 waren von Oktober bis März hierzulande 786.024 Wagen neu zugelassen worden, der Importanteil betrug 11,6 Prozent. Im Winter 1966/1967 waren die Neuzulassungen auf 629.169 Einheiten gefallen, während der Import-Anteil auf 15 Prozent gestiegen war. Verloren hatten alle großen deutschen Hersteller; der VW-Anteil bröckelte von 32,4 Prozent (1965) auf 28,8 Prozent, ein Rückgang, für den Nordhoff die Finanzpolitik der Bundesregierung, nun unter Kanzler Erhard, verantwortlich machte. Der damalige Finanzminister Franz-Josef Strauß hatte, um das Haushaltsdefizit abzubauen, im Dezember 1966 die Kilometerpauschale von 25 auf 18 Pfennig gesenkt und die Mineralölsteuer erhöht, was den Liter Sprit um drei Pfennig teurer werden ließ. Zeitgleich stiegen die Haftpflicht-Prämien um bis zu 12,5 Prozent. Nordhoff grollte im »Spiegel«-Interview: »Alle Pläne zur Stabilisierung des völlig in Unordnung geratenen Haushaltes zielen gegen die Automobilindustrie...«. Seiner Schätzung nach könnte der Inlandsabsatz im kommenden Jahr um bis zu 30 Prozent absacken. Und so kam es dann auch: 42 Tage Kurzarbeit bei VW, Entlassungen bei Opel, Kurzarbeit auch bei Ford. Die Neuzulassungen in der Bundesrepublik sanken auf den Stand von 1950, allein VW hatte im Vergleich zum Vorjahr 57.724 Autos weniger abgesetzt. Nordhoff forderte deswegen eine einjährige Steuerbefreiung für Neuwagen, 200 Mark hätte so der Käfer-Käufer gespart. Keine Subventionen, tönte es dagegen aus Bonn, statt dessen eine volle Breitseite vom Finanzminister, der in München vor einer Vereinigung bayerischer Textilunternehmer Nordhoffs Steuer-Schelte mit harscher Kritik an der VW-Modellpolitik beantwortete: Die Absatzkrise sei schließlich selbstgemacht, wenn »Geschmack und Bequemigkeit« eines Typs nicht mehr ankomme, spiele wohl »auch der Name« keine Rolle. »VW hat geschlafen« titelte die »Bild«-Zeitung am nächsten Morgen in zentimetergroßen Lettern auf der Titelseite. Jetzt waren wieder die Wolfsburger am Zuge. Sie öffneten für »Spiegel«-Redakteure ihre Asservatenkammer und zeigten, was den Wolfsburger Ingenieuren innerhalb der letzten beiden Jahrzehnte an neuen Typen und möglichen Käfer-Nachfolgern eingefallen war. Die Hälfte davon hatte man verschrottet, den Rest in zwei Wellblechbaracken aufbewahrt. Die Palette reichte vom Zweizylinder mit 0,8 Litern Hubraum bis zum Sechszylinder mit zwei Liter und 75 PS. Es gab kleine Zweisitzer und aufgeblasene Käfer, Entwürfe von italienischen Designstudios ebenso wie solche aus der Porsche-Entwicklungsabteilung. Teilweise wurden bis zu 200 Millionen Mark investiert, eines jedoch war immer geblieben: Motor und Getriebe bildeten stets eine Einheit und verzichteten auf eine Wasserkühlung. Keiner der Entwürfe geriet zur Serienreife, und auch dafür hatten die Redakteure des Nachrichtenmagazins eine Erklärung parat: »Im Vergleich zu dem Jahrhundert-Käfer Ferdinand Porsches erschienen sie Technikern und Kaufleuten nicht gut genug. Der Verkaufserfolg in aller Welt, die in der VW Klasse unübertroffene Baugüte und der auf den Käfer eingespielte Kundendienst machten die Entscheidung darüber, welcher Typ der Nachfolger sein sollte, bleischwer.« Heinrich Nordhoff starb am 12. April 1968. Seine Nachfolge trat Kurt Lotz an, der nun vor dem Problem stand, einen Ersatz für den Käfer zu finden. Und auch das zweite große Problem des Ein-Modell-Konzerns war noch nicht zufriedenstellend gelöst worden: Es fehlte ein echter »Großer Volkswagen«. Dabei hatte Volkswagen so gehofft, mit dem Typ 3 und seinem großen Bruder, dem Typ 4, den Aufstieg in die Mittelklasse endlich geschafft zu haben.

(Anefo)

Kapitel 2: Des Käfers lange Schatten

Volkswagen war – trotz fortschrittlicherer Konkurrenz beispielsweise von Opel oder Fiat – in den 60ern und sogar noch Anfang der 70er-Jahre inbeirrt dem Käfer-Konzept mit luftgekühlten Heckmotor treugeblieben. »Zu lange hatte VW-Chef Heinrich Nordhoff an der Monokultur des Käfers festgehalten. Doch seine Zeit war längst vorbei. Nach über 30 Jahren Käfer war die Technik nicht nur angestaubt, sondern heillos veraltet«, heißt es beispielsweise vereinfachend in der Rückschau im Hamburger Nachrichtenmagazin »Spiegel« vom 5. Juli 2014.

Fluch und Segen der Monokultur

Das Management, Entwickler und Ingenieure bei Volkswagen mussten sich den Vorwurf der Untätigkeit gefallen lassen, dies auch im privaten Umfeld – was Volkswagen damals zu einem eher unattraktiven Arbeitgeber degradierte. Aber ganz so simpel war es dann doch nicht, auch durch permanente Wiederholung werden Halbwahrheiten nicht wahrer. Zum einen war der Käfer das wohl populärste und am besten durchdachte Kompaktfahrzeug, was schlicht und einfach daran lag, dass dank staatlicher Rundum-Subventionierung in den 30ern Qualität und Zuverlässigkeit auf ein Niveau gehievt worden, das sich kein anderer Hersteller hätte leisten können. Dazu kam das flächendeckende Servicenetz. »Und läuft und läuft und läuft...«, hieß der populäre Werbespruch, während das Käfer-Konzept tatsächlich immer weiter veraltete. Zum anderen war das Werk Wolfsburg so ausgelegt, dass es angesichts des relativ einfachen Fertigungsvorgangs bei geringster Variantenbreite einen hohen Ausstoß garantierte und entsprechend Geld verdiente.

Nordhoff, studierter Maschinenbauer und vor dem Krieg Chef von Opel Brandenburg, fuhr nicht nur die eigenen, sondern auch die Wagen der Konkurrenz. Und wusste (beispielsweise nach dem Test des Renault Dauphine), wo Volkswagen eigentlich nachlegen musste. Andererseits verkaufte sich der Käfer bis in die zweite Hälfte der 60er blendend, auch und gerade im Export. Beim Wechsel auf den Golf 1974 zeigte sich dann, welche Risiken das große Werk am Mittellandkanal endlich einzugehen bereit war – die Gefahr mit dem gänzlich neuen Kompakten zu scheitern, war durchaus real. Aber mittlerweile konnten die Wolfsburger nicht mehr anders, nicht zuletzt aufgrund neuer Umwelt- und Sicherheitsvorschriften in den USA, dem wichtigsten Exportmarkt. Mit dem Golf kam dann eine völlig neue Modell-Familie heraus, die nun auch Aufsteigern in die Mittelklasse etwas bot. Für diese Menschen bot Volkswagen in der Wirtschaftswunderzeit bis 1960 noch nichts Überzeugendes.

Tatsächlich war bis dahin in Wolfsburg aber ein Versuchsträger nach dem anderen aufgebaut worden, keineswegs nur kleine Autos als potenzielle Käfer-Nachfolger, sondern auch größere Modelle. Zumindest im Detail wurde anschließend verbessert und optimiert, oft mit hohem, persönlichem Engagement von Technikern wie Versuchsbau-Leiter Rudolf Ringel und manchmal jenseits aller betrieblichen Vorgaben. Propheten gelten in der Regel nichts im eigenen Land! Nordhoff deckte in erster Linie die Entwickler von Porsche derart mit Aufträgen ein, dass man dort die gesamte freie Entwicklungskapazität dem Partner im Norden zur Verfügung stellte.

Die Öffentlichkeit befand indes, dass sich Volkswagen in puncto Design nichts Neues traute. 1967 zitierte »Der Spiegel« einen angeblichen VW-Insider mit den Worten: »Damit unsere Stylisten überhaupt etwas zu tun hatten, durfte jeder mal ein Auto nach seinem Geschmack entwerfen«. Für das Design der meisten Nachfolgeprojekte zeichneten dagegen traditionell die beiden italienischen Karossiers Ghia und Pininfarina verantwortlich, ohne dass von diesen Aufträgen

Nachdem der Druck zu groß geworden war, ludt Volkswagen 1967 ausgewählte Journalisten zur Besichtigung von Prototypen auf das Wolfsburger Versuchsoval. (Sammlg. AutoMuseum)

Auch wenn es die Kritiker anders sahen: An Versuchen, Käfer-Alternativen zu entwickeln, mangelte es nicht.

viel nach draußen drang. Letzterer arbeitete in Deutschland ab Anfang 1967 ausschließlich für Volkswagen. Laut »Spiegel« soll für jeden Pininfarina-Prototypen mindestens eine Million Mark vereinbart gewesen sein.

Der öffentliche Druck – vor allem durch »Bild«, »Spiegel« und nicht zuletzt durch den bayerischen Politiker Franz-Josef Strauß – unvergessen sein Satz: »Zwei glorreiche Buchstaben vorn am Wagen können fehlenden Komfort nicht ersetzen« – nahm immer mehr zu. Darum ließ VW-Chef Nordhoff im Mai 1967 insgesamt 36 Konzeptfahrzeuge aus dem hauseigenen »Mausoleum« auf das Versuchsbahn-Oval holen. Es handelte sich teils um fahrfertige Prototypen, teils um Stylingstudien ohne technische Innereien. Tatsächlich sollen alles in allem rund 70 Fahrzeuge im Geheimen entwickelt worden sein, für die in Summe zirka 200 Millionen DM aufgewendet worden waren. Doch nur fünf dieser Autos hätten das Zeug zu einem echten Nachfolgetyp gehabt, notierten die »Spiegel«-Redakteure Rudolf Glismann und Ferdinand Simoneit (er war später bei »auto motor und sport«).

Einige wenige Schaustücke haben in den Depots des AutoMuseums überlebt. Andere fanden sich weiterentwickelt als Serienautos auf anderen Märkten wieder – vor allem in Brasilien. Die meisten aber wurden ausrangiert und verschrottet – ein durchaus gängiges Verfahren in der Automobilindustrie bis zum heutigen Tage, so sehr man dies auch bedauern mag.

Gescheiterter Aufstiegsversuch

Apropos Aufstieg. »Bild« titelte am 17. Mai 1967: »VW zeigt seine Geheimautos: Mit mehr Glas – mit vier Türen – mit sechs Zylindern – mit Doppellampen!« Gemeint war der EA 128, mit dem die Norddeutschen tatsächlich nach ganz oben strebten. Fühlte man sich doch spätestens durch den Erwerb der Auto Union reif genug, in der Oberklasse mitzumischen. Volkswagen ließ also bei Juniorpartner Porsche den großen Wagen als Limousine und Kombi entwickeln, sein 2,0-Liter-Sechszylinder-Boxer saß aber weiterhin im Heck. Zwei Jahre lang wurde an diesem Projekt gewerkelt, dann endete es erfolglos. Die Limousine ist heute im AutoMuseum Volkswagen zu besichtigen, der Kombiwagen gehört zur Sammlung der Autostadt.

Die Streichung dieses Projekt war kaufmännisch gesehen richtig, in der angepeilten Klasse wäre ein Volkswagen unglaubwürdig gewesen. Zumal der Marktanteil von Volkswagen zu schrumpfen begann. So setzte auf dem Heimatmarkt der praktischere Opel Kadett dem Käfer mächtig zu: 1962 hat Opel mehr Autos verkauft als Volkswagen. Nordhoff-Nachfolger Kurt Lotz, der im Sommer 1967 als stellvertretender Vorstandsvorsitzender zu Volkswagen kam (und vom Aufsichtsrat als neuer Vorstandschef vorgesehen war), notierte etwas befremdet: Motiviertes, qualifiziertes Personal gäbe es kaum, und die Schubladen der Technischen Entwicklung seien leer.

Der EA 128 von 1967 hätte der erste Oberklasse-Volkswagen werden können. Die Limousine verfügte über einen rund 100 PS starken Sechszylinder-Motor mit zwei Litern Hubraum. (Kittler)

(Anefo)

Kapitel 3: Dringend gesucht: Echte Viersitzer und große Volkswagen

Bis zum Ableben von Käfer-Befürworter Nordhoff waren 14 Millionen Volkswagen hergestellt worden, die 15. Million sollte zum Jahresende erreicht sein. In jenem Jahr betrug – so Lotz in seinen »Erinnerungen« – die deutsche Inlandsproduktion reichlich 1,5 Millionen Pkw, davon entfielen sage und schreibe 68 Prozent auf den Käfer. Doch anders als Opel, Ford und Co. hatte Volkswagen keinen »Risikoausgleich«, keine anderen Fahrzeuge im Angebot, die einen eventuellen Nachfrage-rückgang beim Käfer hätten ausgleichen können. Und der Wolfsburger Dauerläufer hatte, im Vergleich zu den jüngeren Konstruktionen der Konkurrenz, große Nachteile: einen relativ hohen Verbrauch, den kleinen Gepäckraum, die Platzverhältnisse im Innenraum, die Seitenwindempfindlichkeit und die Tatsache, dass es ihn nur mit zwei Türen gab. In der Konzernzentrale war man sich dessen natürlich bewusst. Vor allem die Kritik an der mangelnden Familientauglichkeit, bedingt durch die konstruktiv bedingte Enge im Innenraum, wurde immer lauter. Bei einigen der oben zitierten Versuchsträger und Prototypen mit dem Kürzel »EA« (Entwicklungsauftrag) stand auch genau dieser Aspekt im Vordergrund.

Der EA 47-12, also das zwölfte Exemplar der Ghia-Serie, orientierte sich noch sehr stark am Käfer. Er bot etwas mehr Platz als der Dauerläufer. (Kittler)

EA 47

Ghia hatte sich bereits Mitte der 50er an einen Viersitzer gewagt, der wie ein zur Limousine umgewandelter Karmann-Ghia Typ 14 aussieht und etwas mehr Platz bot als der Käfer. Verschiedene Gründe sprachen gegen eine Weiterentwicklung. Einer jener Prototypen steht im Auto-Museum Volkswagen. Aber wie alle anderen bisherigen Modell-Alternativen wurde auch er verworfen.

EA 97

Viel erfolgreicher als der EA 47 agierte der EA 97, der Entwurf einer Stufenhecklimousine. Seine Entwicklung hatte 1957 begonnen und wurde bis 1963 weitergeführt. Kein anderer Prototyp des Hauses für die kleine Klasse wurde intensiver erprobt. Doch in den Anfängen 1958 war noch nicht ganz klar war, was aus ihm werden würde – ein Käfer-Nachfolger oder dessen großer Bruder. Heute wissen wir: Zusammen mit einem von Porsche weiterentwickelten EA 97-Derivat 728/II bildete er die Basis für die Weiterentwicklung zum Typ 3. Mitte 1959 indessen sah alles danach aus, als ob der ursprüngliche Entwurf in Richtung Nullserie getrimmt werden würde, mit Fertigstellung für April 1961. Ein kompletter Musterwagen sollte im November 1959 intern vorgestellt werden. Interessanterweise war dabei bereits ein 1,5-Liter mit 45 PS mit Kupplungsautomatik (dieses Thema erbte dann exklusiv der Käfer) vorgegeben, auch ein Kombiwagen war gesetzt. Sogar eine viertürige Version sollte probehalber realisiert werden. Die Termine wurden zwar nicht eingehalten, doch tatsächlich lief eine Vorserie als EA 97/1 Anfang 1965 an, denn man hatte schließlich entschieden, durch ihn den Käfer zu ersetzen. Im März 1965 waren alle diese Pläne wieder Makulatur. Denn just in diesem Jahr zog die Nachfrage nach dem Käfer nochmals an – in dieser Situation eine Fertigungslinie in Betrieb zu nehmen hätte die Typ-1-Produktionszahlen negativ beeinflusst.

Nach dem Stopp des ursprünglichen Projekts EA 97 gelangten die Werkzeuge nach Brasilien (Kapitel 5), wo der 97/1 leicht modifiziert und nun aber in der größeren Typ-3-Klasse ab 1968 als Zwei- und Viertürer und als Kombi in die Serienproduktion ging. Zwei der 200 Fahrzeuge des Typs EA 97/1 gehören heute zum Bestand des AutoMuseums. Immerhin zählte der EA 97 zu jenen Geheimprojekten, welche die Entwicklung des Typ 3 entscheidend flankiert hatten (Kapitel 3).

EA 53

Bei Volkswagen lief zudem der Versuchsträger EA 53, der ebenfalls den Käfer als Angebot mit kleinerem Hubraum ersetzen oder ergänzen sollte (Motoren 0,9 bis 1,1 Liter Hubraum, später 1,3 Liter). Dafür entstand 1961 auch eine Ghia-Karosserie. Seine Entwicklung wurde aber bereits 1962 wieder abgebrochen: Die Fertigung wäre im Vergleich zum Käfer zu teuer geworden, hatte man spät, aber noch rechtzeitig herausgefunden. Der EA 53 bildete jedoch Basis für den ab 1962 entwickelten EA 158 mit Pininfarina-Karosserie. 1965 handelte man diesen noch als Nachfolger des Typ 1 (Käfer), ab 1967 zog man diesen als Ablösung des größeren Typ 3 in Betracht.

Mehr Platz im Käfer

Am Käfer selbst wurde immer weitergearbeitet, war er doch ein Exportschlager. Immerhin ein Drittel der Käfer-Produktion ging in die USA. Allein 1967 landeten 296.915 Käfer sowie weitere 139.042 Typ 2

Der EA 97 legte den Grundstein für die brasilianischen Mittelklasse-Volkswagen. (Sammlg. AutoMuseum)

(Transporter) und der im Folgende beschriebene Typ 3 in Amerika. Erst als Ende der 60er-Jahre die Nachfrage in der Neuen Welt stark zurückging, machte man sich in Wolfsburg endlich ernsthaft daran, seinen Bestseller zu verbessern, und nicht zu ersetzen. Das führte freilich auch zu eher skurrilen Lösungen und Entwürfen, die allesamt nicht umgesetzt wurden, aber letztlich zu den »Super-Käfern« 1302/1303 führten.

Als Kompromisslösung entstand schließlich jener ab 1970 in Serie gegangene, von Lotz geförderte Käfer mit 2,42 statt 2,40 m Radstand, größerem Vorbau und Einzelradaufhängung (Modell 1302). Dessen direkter Nachfolger, der 1303, bekam eine bauchigere Frontscheibe, weil in den USA schärfere Vorschriften zum Insassenschutz zu erwarten waren (die jedoch nicht in Kraft traten, darum durfte auch der bisherige Käfer weiterlaufen). Am 12.11.1971 erwähnt das Protokoll der Vorstandssitzung gar die mögliche Ausstattung des Käfers mit dem stärkeren Flachmotor (wie er im Typ 3 und im Typ 4 zum Einsatz kam), weil die künftige Abgasentgiftung in den USA bis zu 15 PS kosten sollte.

Auch der EA 53 wurde nicht in die Serienfertigung überführt. Als die Entscheidung fiel, ihn nicht zu bauen, war er formal bereits überholt. (Sammlg. AutoMuseum)

Nur als Modell im Maßstab 1 : 4 entstand um 1972 dieser Viertürer mit nach vorn versetzter Frontscheibe. Das Design stammte vom VW-Designchef Schäfer. (Sammlg. AutoMuseum)

Dem VW 1302 mit größerem Vorbau folgte der 1303 nach gleichem Rezept, aber bereits mit gewölbter Scheibe. Das verbesserte das Raumgefühl für Fahrer und Beifahrer. Familientauglicher machte ihn das aber nicht. (Sammlg. AutoMuseum)

(Volkswagen)

Kapitel 4: Mit dem Typ 3 in die Mittelklasse

Mit den Käfer-Varianten Standard, Export, Cabriolet, dem »kleinen« Karmann sowie dem Typ 2 – dem Transporter – hatte sich Volkswagen bis Ende der 50er bestens aufgestellt gefühlt. Die Autos verkauften sich prächtig. Aber im Zuge des fortschreitenden Wirtschaftswunders verlor das Unternehmen Kunden, die in die Mittelklasse und die obere Mittelklasse aufsteigen wollten. Darum arbeitete Volkswagen parallel daran, ins Marktsegment unter, vor allem aber oberhalb des Käfers zu gehen.

1958 favorisierte der Volkswagen Vorstand schließlich den etwas über dem Käfer positionierten EA 97 in Verbindung mit dem Porsche-Vorschlag Typ 728/II bzw. 726/1 und 726/2. Daraus resultierte ein Gemeinschaftsprojekt unter Beteiligung von Porsche (Erwin Komenda), Volkswagen (Rudolf Engel) und Ghia (Luigi Segre). Daraus wurde schließlich der Typ 3, jener Volkswagen, der Käfer-Käufer bei der Stange halten sollte und geheimhin als erster Großer Volkswagen gilt.

Schon lange bevor es den VW 1500/Typ 3 zu kaufen gab, wusste jeder, wie er aussah. Dass Wolfsburg einen neuen, größeren Volkswagentyp (der für VW »die Butter auf dem Brot« darstellen sollte) in der Pipeline hatte, pfiffen inzwischen die Spatzen von den Dächern, nicht zuletzt, weil VW-Chef Nordhoff 1960 auf dem Genfer Salon so etwas andeutete: Volkswagen, so war zu vernehmen, habe »etwas in der Schublade«, um dann mit den Worten zitiert zu werden: »Der VW wird immer besser ... aber er bleibt sehr bewusst ein VW.« Die Spekulation verstärkten sich noch, nachdem VW-Exportleiter Manuel Hinke in Anschluss an eine Werksbesichtigung mit anschließendem Beisammensein (bei dem man, wie der Spiegel wusste, »einige Erfrischungen« zu sich genommen hatte) dem Chef der amerikanischen Nachrichtenagentur UPI, einem Mister Keller, ziemlich offenherzig von einem größeren VW erzählte, das sich vom bisherigen Modell »stark unterscheide«. Dass der Wagen ganz anders aussehen werde und nur noch Chassis und

Basis dieser 1958 bei Porsche erprobten 728-Versuchsträger (links Stufenheck, Mitte und rechts Fließheck) bildete der EA 97. (Porsche-Archiv).

Auf dem Weg zum Typ 3: Porsche-Projekte Typ 728 (kurzes Schrägheck), 726/1 (Schrägheck) und 726/2 (Stufenheck) auf dem Werkshof in Zuffenhausen. (Porsche-Archiv)

Heckmotor mit dem Wolfsburger Krabbeltier gemeinsam haben werde, war den Worten von Herrn Hinke ebenfalls zu entnehmen.

Diese Andeutungen genügten, kurzfristig gehörten dem Typ 3 die Schlagzeilen. Nordhoff, beim Termin nicht anwesend, weil bei der Einweihung des Hildesheimer Doms geladen, schickte Stunden später ein lauwarmes Dementi hinterher, bestätigte schließlich aber doch, dass die eigenmächtigen »Winke von Hinke« (»Der Spiegel«, Nr. 15/1960) nicht aus der Luft gegriffen waren.

Rund ein Jahr später, und ein gutes halbes Jahr vor der offiziellen Präsentation auf der Frankfurter Autoschau im September 1961, erschienen von diesem Auto erste Fotos, und »auto motor und sport« stellte im Mai ein Typ-3-Vorserienexemplar ausführlich vor. Im Vorfeld hatte man auch gedacht, dem neuen Wagen einen wohlklingenden Namen zu verpassen, im Gespräch waren unter anderem »Merkur«, »Orion« und »Junior«.

Tatsächlich war die etwas plumpe Urform des EA 97 nun eleganter geworden, was vor allem an der größeren Spurweite, den rundlicheren Formen und den Rundscheinwerfern gelegen haben mag. Die stimmige, aber konservative Gestaltungsgrundlinie verantwortete Rudolf Engel, sein Nachfolger Herbert Schäfer übernahm erst 1972 die Designverantwortung.

Dieser VW 1500 stammt von 1963 und verfügt bereits über Radzierringe. (Sammlg. AutoMuseum)

Das Gesicht des Fortschritts? Formal jedenfalls signalisierte der VW 1500 mit 45 PS von 1961 den Anschluss an moderne Designtrends.

Die deutsche »Das Auto, Motor und Sport« widmete dem Neuen 1961 sogar zwei Mal die Titelseite.

Was die Technik des Neuen betraf, ging nichts ohne die Entwickler von Porsche. Hatten sie doch, wie bei nahezu allen Autos von Volkswagen, im Hintergrund kräftigst mitgemischt. Die Feinabstimmung erfolgte in Stuttgart-Zuffenhausen, die Prototypen für VW hatten wohl die Spezialisten der Stuttgarter Karosseriefabrik Reutter (dem späteren Porsche-Karosseriewerk) gebaut. Nach anderer Quelle war die Firma Wendler beteiligt. Im Laufe des Jahres 1959 war die grundsätzliche Entwicklung des Fahrzeugs auf den Weg gebracht, bis 1960 liefen mehrere Dutzend Prototypen.

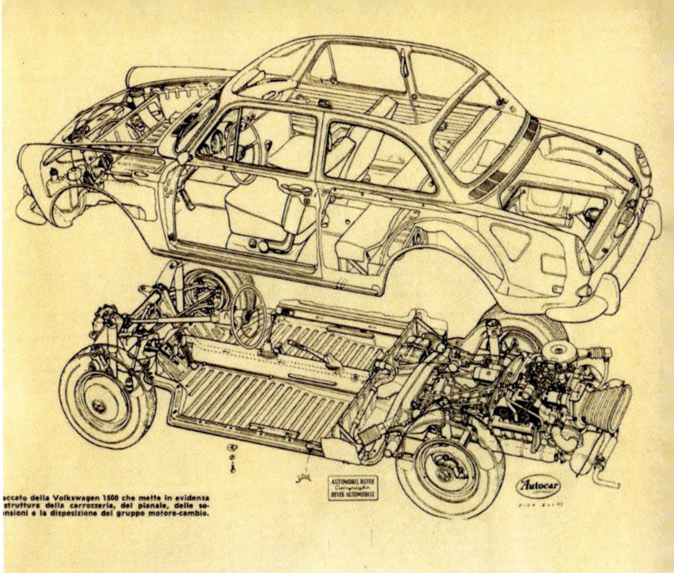

Damals durchaus üblich waren solche grafischen Technikdarstellungen, die in der Regel im Auftrag der Hersteller angefertigt wurden. Manche dieser Röntgenzeichnungen entstanden aber auch exklusiv für große Fachmagazine wie die Schweizer Automobil Revue oder die britische Autocar. (Sammlg. Klein)

1961: Der VW 1500 als neue Größe

So viel stand schon im Frühjahr jenes Jahrs fest: Der neue Volkswagen war tatsächlich oberhalb des Käfers angesiedelt, sollte rund einen Tausender mehr kosten – und tatsächlich größer werden: »Der alte VW soll, zumindest vorerst, erhalten bleiben. Das Produktionsprogramm wird um ein Fahrzeug gänzlich anderer Klasse bereichert«, resümierte »Der Spiegel«. Derartige Andeutungen genügten, um den künftigen Typ 3 in die Schlagzeilen zu bringen.

Das neue Modell 1500 wurde spätestens mit seinem Debüt auf der IAA 1961 sofort als »Großer Käfer« (und nicht als unabhängiges neues Modell) verstanden, basierte er doch in vielen Punkten auf dem automobilen Krabbeltier. Das suggerierte Zuverlässigkeit und Qualität. Und er sprach wirklich jene Leute an, für die er entwickelt worden war – allerdings in erster Linie diejenigen, die ohnehin treue Volkswagen-Kunden waren.

In der Nachberichterstattung zur IAA waren auch der erst einige Monate später ausgelieferte Kombi (»Variant«) und das nie in Serie gekommene Cabrio zu sehen.

Ein Wagen – zwei Gepäckräume
Viel Kofferraum für Beruf und Urlaub

Wo ist der Motor? Natürlich im Heck, aber so geschickt placiert, so flach gebaut und tief gelagert, daß er keinen Platz beansprucht, der anders genutzt werden könnte. In diesem Wagen ist aller Raum den Personen und ihrem Gepäck vorbehalten. Vorn und hinten verfügt man über je ein großes Kofferdepot, beide von außen zugänglich, aber von innen entriegelbar. Beide sauber mit Plastik ausgelegt, Heck-Raum automatisch beleuchtet. Ölkontrolle und -füllung außerhalb des Gepäck- oder Motorraums. ● Der VW 1500 wird auf Wunsch, gegen Mehrpreis, mit Sonnendach (Stahl-Kurbeldach) geliefert.

Erster Prospekt für den VW 1500. Die wichtigste Werbebotschaft lautete: Endlich gibt es einen Volkswagen mit zwei Kofferräumen und besserem Platzangebot. (Sammlg. AutoMuseum)

Technische Daten

Vierzylinder-Viertakt-Boxer-Motor (Flachbauweise, Niederflur-Anbringung) im Heck. Bohrung 83, Hub 69 mm, Hubraum 1493 cm³, Verdichtung 7,2, Höchstleistung 45 PS bei 3800 U/min. Luftkühlung durch Radialgebläse auf der Kurbelwelle, Ölkühler mit automatischer Regelung. Solex-Flachstrom-Vergaser mit Start-Automatik.
Viergang-Getriebe voll- und sperrsynchronisiert. Steigfähigkeit 1. Gang 45,5 %, 2. Gang 23,5 %, 3. Gang 14,0 %, 4. Gang 7,5 %. Motor, Getriebe und Hinterachse verblockt in Fahrschemel. Zentralrohrrahmen. Vorderachse: Einzelrad-Federung, gekreuzte lange Drehfederstäbe, je zwei Längslenker, doppelt wirkende Stoßdämpfer, Gummi-Luft-Puffer, Vorderachse in Gummi gelagert, Stabilisator. Hinterachse: Einzelrad-Federung, Pendelachsen mit Längslenkern, Drehfederstäbe, Stoßdämpfer; Gummi-Puffer wie vorn; Schneckenrollen-Lenkung mit Dämpfer. Superballon-Bereifung 6,00–15, Niederquerschnitt. Fußbremse hydraulisch, Vierrad, vorn Duplex, extrem stark. Radstand 2400 mm. Spurweite: vorn 1310, hinten 1346 mm. Wendekreis: 11,1 m. Maße über alles in mm: Länge 4225, Breite 1605, Höhe 1475. Gewichte in kg: leer 860, gesamt 1250, Nutzlast 390. Kraftstoffverbrauch: 8,4 l/100 km (nach DIN 70 030). Dauerhöchstgeschwindigkeit 125 km/st. Vierschicht-Kunstharzlackierung.

Durch die sehr breiten Türen (1,07 m) mit Feststellern bequemer Einstieg zu allen Plätzen. Schlösser auf beiden Wagenseiten. Versenkte Türinnengriffe mit Riegeln. Taschen neben beiden Vordersitzen. Die Armaturentafel unter breitem, kräftigem Polsterwulst: Tachometer, Kraftstoff-Anzeiger mit allen Kontroll-Leuchten, elektrische Uhr unter flexiblen Blendschirmen. Keine Spiegelung in der Frontscheibe. Links eine Drucktasten-Gruppe für pneumatische Waschanlage, Scheibenwischer und für Stand- und Fernlicht. Wischergeschwindigkeit und Armaturenbeleuchtung stufenlos regelbar. Rechts die Hebel der Frischluft-Anlage. Unter dem Lenkrad ein einziger Tastenhebel zur Betätigung der Richtungsblinker, des Abblendlichts, der Lichthupe und der rechten oder linken Parkleuchte.

Lenk-Zünd-Schloß mit Anlaß-Wiederholsperre. Gepolsterte Sonnenblenden, frontwärts und seitlich verstellbar. Fester, biegsamer Haltegriff. Geräumiger Handschuhkasten. Der Schalthebel, wie bei Sportwagen, griffnah in Wagenmitte ● Reichlich Raum für vier oder fünf Personen. An beiden Vordersesseln Längs-Verstellung und Lehnenneigung auch während der Fahrt regulierbar: insgesamt 49 Sitzpositionen je Sessel. Rücklehnen-Arretierung bei geschlossenen Türen.

Vorn gepolsterte Armlehnen; eine versenkbare Armstütze in der Mitte der besonders komfortablen, mit Sessel-Lehnen ausgestatteten hinteren Sitzbank. Alle Seitenfenster versenk- oder ausstellbar; Sicherheitsglas rundum. Halterungen für vier Sicherheitsgurte. Innenbeleuchtung mit Türkontakt. Drei große Ascher. Flexible Kleiderhaken. Breites Ablagebord unter dem Rückfenster. Drei Warmluftdüsen an der Windschutzscheibe, je zwei weitere im vorderen (regulierbar) und hinteren Fußraum zur Dosierung und Verteilung der Wärme.

Neu – und dennoch erprobt

Verwirklichte Wünsche: der VW 1500

aus dem Volkswagenwerk

Den Volkswagen kennt jeder – nun stellt sich sein größerer Bruder vor: der VW 1500. Er ist nicht gekommen, um den berühmten Erfolgswagen abzulösen, sondern ihn zu ergänzen – im Rahmen eines Produktionsprogramms, das der Entwicklung einer gestuften Motorisierung und den wachsenden Wünschen des Publikums folgt. Im VW 1500 sind die guten Erfahrungen, die Europas größte Automobilfabrik in fünf Erdteilen mit rund fünf Millionen Volkswagen gewonnen hat, zu konkreten Werten geworden. ● Völlig neu ist die flache Konstruktion des bewährten luftgekühlten Boxer-Motors, der, als Niederflur-Motor, in eine stärkere Leistungsklasse (45 PS bei nur 3800 U/min) gehoben wurde. Er liegt **unter** dem von außen bequem zugänglichen, isolierten Heck-Gepäckraum. So wurde bei verkehrsvernünftigen Außenmaßen ein großzügiger Innenraum geschaffen und außerdem der tiefe Schwerpunkt erzielt – einer der Gründe für die ganz ausgezeichnete Straßenlage des VW 1500, die ihn berühmt machen wird. Ebenfalls nicht der Neuigkeit, sondern des Nutzens wegen erhielt der VW 1500 seine ausgeglichen vornehme, den Strömungsverhältnissen und dem wählerischen Auge gefällige Karosserie. Gediegene Eleganz, morgen so gültig wie heute.
Vorzügliche Rundsicht, aber kräftige Holme zwischen den Fenstern, um der Sicherheit willen. In den hohen Rädern große Bremsflächen mit einer Bremssicherheits-Reserve, wie sie in dieser Wagenklasse wohl einmalig ist. Neuartige Spezialreifen, Niederquerschnitt, deshalb größere Seitenstabilität, das heißt besonders gute Kurvenhaftung. Durch Ölkühler absolute Betriebssicherheit unter allen Temperaturbedingungen, auch bei stundenlanger Höchstleistung. ● Der VW 1500 ist das vernünftige Automobil für Fahrer mit gehobenen Ansprüchen – und zugleich für kluge Rechner. Eine hervorragende Konzeption, hohe Qualität in Material und Fertigung, vollendetes finish und ein engmaschiges VW-Kunden-dienst-Netz sichern den Wertbestand dieses vortrefflichen, in allem gelungenen Automobils.

Karosserie und Exterieur

Der VW Typ 3 stellte in seinen Hauptbaugruppen – Aufbau, Fahrgestell, Motor – zwar eine Neukonstruktion dar, basierte allerdings auf dem bekannten Käfer-Konzept. Vereinfacht gesagt, bestand der neue Volkswagen im Ponton-Look mit integrierten Kotflügeln aus drei stählernen »Schachteln«: Zwei kleinere Schachteln bildeten Bug und Heck, und in der großen saßen die Passagiere (heute nennt man diese Bauform »Dreibox«-Design). Wie sein älterer Bruder, der Käfer, war dieser Aufbau unten offen und wurde mit der Rahmenplattform verschraubt.

Den Aufbau bildeten vordere und hintere Seitenteile, die vordere Querwand, die inneren Seitenteile, das Dach, untere Längsholme im Kastenquerschnitt sowie vorderes und hinteres Abdeckblech. Die Instrumententafel war eingeschweißt und übernahm eine tragende Funktion, genau wie die Hutablage bei Stufen-und später Fließheck. Außenhaut und vordere Kotflügel (verschraubt) bestanden aus 0,8 mm starkem Stahlblech, Türen, Klappen und Kotflügel hinten aus 0,75 mm starkem Stahl. Die Türen waren 1.068 mm breit und verfügten stets über zu öffnende Dreieckfenster und Kurbelscheiben. Auch die hinteren Seitenfenster konnten ausgestellt werden, Grundsätzlich gab es nur Einschicht-

Von Anfang an wurde der Typ VW 1500 weltweit exportiert. Hier eine Pressefoto von der Verladung beziehungsweise Auslieferung 1963 in WOB. Links ein 1500 S, rechts ein 1500 N. (Sammlg. AutoMuseum)

DIPL.-ING. DIETER KORP:

VW 1500

ZEICHNUNGEN:
SIEGFRIED WERNER

Der jüngste Angehörige der deutschen 1,5 Liter-Klasse blieb nach Charakter und Abstammung unverkennbar ein Volkswagen.

Ein Erdrutsch in den deutschen Alpen hätte kein lebhafteres Echo auslösen können als ein neues Modell unter dem Wolfsburger Wappen. Der stolzierende Wolf auf der stilisierten Burg zeigte sich offiziell auf einem 1,5 Liter-Wagen erstmals auf der Frankfurter Automobil-Ausstellung 1961. Zuvor aber zog er schon seine Kreise durch den Blätterwald — Anlaß zu gespannten Erwartungen und Spekulationen der verschiedensten Art.

Die ganz Schlauen wollten wissen, daß dieses neue Automobil zum neuen Volkswagen bestimmt wäre und daß die Serie des 1,2 Liter-Wagens langsam auslaufen sollte. Die Werkspolitik aber ließ klar erkennen, wie die Weichen gestellt waren: Man rüstete sich, um die Fertigungskapazität weiter zu erhöhen. Professor Nordhoff gedachte nicht, die Produktion des VW 1200 zu reduzieren. Er stockte die Fertigungs-Anlagen zugunsten des VW 1500 auf. Und damit darf man auch annehmen, daß er auf der Straße zum 10 Millionsten VW 1200 zu marschieren gedenkt.

Die 5. Million erreichte man im Dezember 1961. Die 10. Million könnte — unter der Annahme eines Jahres-Ausstoßes von rund 800 000 Stück — 1967/68 gefeiert werden. Voraussetzung ist jedoch, daß sich am jetzigen Verhältnis VW 1200 zu VW 1500 nicht allzuviel ändert. Es bezifferte sich zu Jahresbeginn bei einer arbeitstäglichen Stückzahl von insgesamt 5000 Wagen:

3300 VW 1200 = 66%
1000 VW 1500 = 20%
700 Transporter = 14%.

Obwohl Angehöriger einer größeren Hubraum-Klasse, blieb der Neuling volkswagen-nah. Abgesehen von der Ansicht des Werkes, daß man sehr wohl auch in dieser Klasse einen strapazierbaren Personenwagen schätzen würde, dürften zwei gewichtige Gründe für diese Volkswagen-Nähe entscheidend gewesen sein: Eine möglichst weitgehende Ausnutzung der bestehenden Produktions-Anlagen und das reibungslose Einfügen des Wagens in die bestehenden Werkstatt- und Kundendienst-Einrichtungen der Vertragshändler.

So baut auch die Technik des VW 1500 auf den bewährten Prinzipien des VW 1200 auf: Zentralrohr-Plattform-Rahmen — Luftkühlung — Boxer-Vierzylinder im Heck — Drehstabfederung — Aufhängung an Kurbel-Längslenkern vorn und Pendelachse hinten. Entspre-

Der 1,5 Liter-Wagen führte bald zu einer kräftigen Bereicherung des Wolfsburger Personenwagen-Programms: Der VW 1500-Limousine (unten) folgten das VW-Karmann-Ghia-Coupé (oben und nebenstehend) sowie der Volkswagen Variant (oben), eine praktische und gut aussehende Kombi-Ausführung.

42

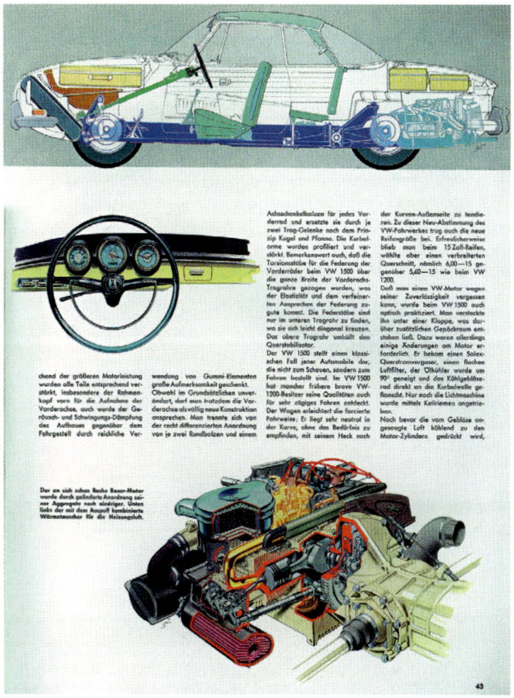

chend der größeren Motorleistung wurden alle Teile entsprechend verstärkt, insbesondere der Rahmenkopf vorn für die Aufnahme der Vorderachse, auch wurde der Geräusch- und Schwingungs-Dämpfung des Aufbaues gegenüber dem Fahrgestell durch reichliche Verwendung von Gummi-Elementen große Aufmerksamkeit geschenkt.

Obwohl im Grundsätzlichen unverändert, darf man trotzdem die Vorderachse als völlig neue Konstruktion ansprechen. Man trennte sich von der recht differenzierten Anordnung von je zwei Rundbolzen und einem Achsschenkelbolzen für jedes Vorderrad und ersetzte sie durch je zwei Trag-Gelenke nach dem Prinzip Kugel und Pfanne. Die Kurbelarme wurden profiliert und verstärkt. Bemerkenswert auch, daß die Torsionsstäbe für die Federung der Vorderräder beim VW 1500 über die ganze Breite der Vorderachs-Tragrohre gezogen wurden, was der Elastizität und dem verfeinerten Ansprechen der Federung zugute kommt. Die Federstäbe sind nur im unteren Tragrohr zu finden, wo sie sich leicht diagonal kreuzen. Das obere Tragrohr umhüllt den Querstabilisator.

Der VW 1500 stellt einen klassischen Fall jener Automobile dar, die nicht zum Schauen, sondern zum Fahren bestellt sind. Im VW 1500 hat mancher frühere brave VW-1200-Besitzer seine Qualitäten auch für sehr zügiges Fahren entdeckt. Der Wagen erleichtert die forcierte Fahrweise: Er liegt sehr neutral in der Kurve, ohne das Bedürfnis zu empfinden, mit seinem Heck nach der Kurven-Außenseite zu tendieren. Zu dieser Neu-Abstimmung des VW-Fahrwerkes trug auch die neue Reifengröße bei. Erfreulicherweise blieb man beim 15 Zoll-Reifen, wählte aber einen verbreiterten Querschnitt, nämlich 6,00—15 gegenüber 5,60—15 wie beim VW 1200.

Daß man einen VW-Motor wegen seiner Zuverlässigkeit vergessen kann, wurde beim VW 1500 auch optisch praktiziert. Man versteckte ihn unter einer Klappe, was darüber zusätzlichen Gepäckraum entstehen ließ. Dazu waren allerdings einige Änderungen am Motor erforderlich. Er bekam einen Solex-Querstromvergaser, einen flachen Luftfilter, der Ölkühler wurde um 90° geneigt und das Kühlgebläserad direkt an die Kurbelwelle geflanscht. Nur noch die Lichtmaschine wurde mittels Keilriemen angetrieben.

Noch bevor die vom Gebläse angesaugte Luft kühlend zu den Motor-Zylindern gedrückt wird,

Der an sich schon flache Boxer-Motor wurde durch geänderte Anordnung seiner Aggregate noch niedriger. Unten links der mit dem Auspuff kombinierte Wärmetauscher für die Heizungsluft.

43

Detaillierte Vorstellung des neuen 1500ers (einschließlich des ebenfalls bei der IAA 1961 gezeigten Variant und des Großen Karmann-Ghia Typ 34) in der Stuttgarter »Motor Revue«. Die detailgetreuen Colorzeichnungen stammen von Grafiker Siegfried Werner.

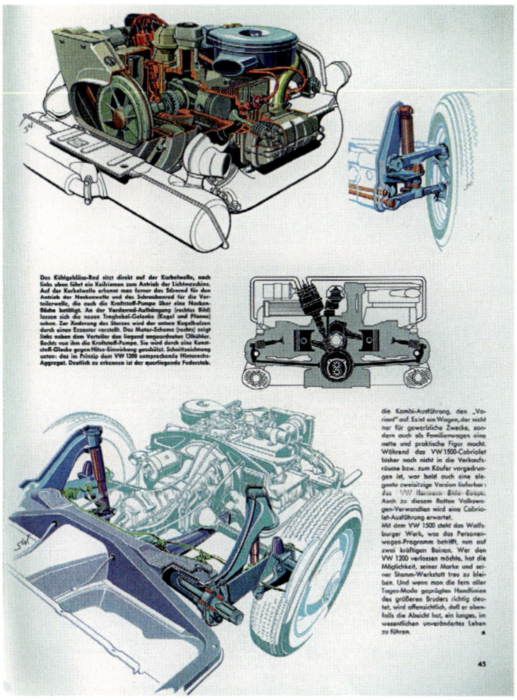

Das Kühlgebläse-Rad sitzt direkt auf der Kurbelwelle, nach links oben führt ein Keilriemen zum Antrieb der Lichtmaschine. Auf der Kurbelwelle erkennt man ferner das Stirnrad für den Antrieb der Nockenwelle und das Schraubenrad für die Verteilerwelle, die auch die Kraftstoff-Pumpe über eine Nockenfläche betätigt. An der Vorderrad-Aufhängung (rechtes Bild) lassen sich die neuen Traghebel-Gelenke (Kugel und Pfanne) sehen. Zur Änderung des Sturzes wird der untere Kugelbolzen durch einen Exzenter verstellt. Das Motor-Schema (rechts) zeigt links neben dem Verteiler den liegend angeordneten Ölkühler. Rechts von ihm die Kraftstoff-Pumpe. Sie wird durch eine Kunststoff-Glocke gegen Hitze-Einwirkung geschützt. Schnittzeichnung unten: das im Prinzip dem VW 1200 entsprechende Hinterachs-Aggregat. Deutlich zu erkennen ist der querliegende Federstab.

die Kombi-Ausführung, den „Variant" auf. Es ist ein Wagen, der nicht nur für gewerbliche Zwecke, sondern auch als Familienwagen eine nette und praktische Figur macht. Während das VW 1500-Cabriolet bisher noch nicht in die Verkaufsräume bzw. zum Käufer vorgedrungen ist, war bald auch eine elegante zweisitzige Version lieferbar: das VW-Karmann-Ghia-Coupé. Auch zu diesem flotten Volkswagen-Verwandten wird eine Cabriolet-Ausführung erwartet.

Mit dem VW 1500 steht das Wolfsburger Werk, was das Personenwagen-Programm betrifft, nun auf zwei kräftigen Beinen. Wer den VW 1200 verlassen möchte, hat die Möglichkeit, seiner Marke und seiner Stamm-Werkstatt treu zu bleiben. Und wenn man die fern aller Tages-Mode geprägten Handlinien des größeren Bruders richtig deutet, wird offensichtlich, daß er ebenfalls die Absicht hat, ein langes, im wesentlichen unverändertes Leben zu führen. ■

45

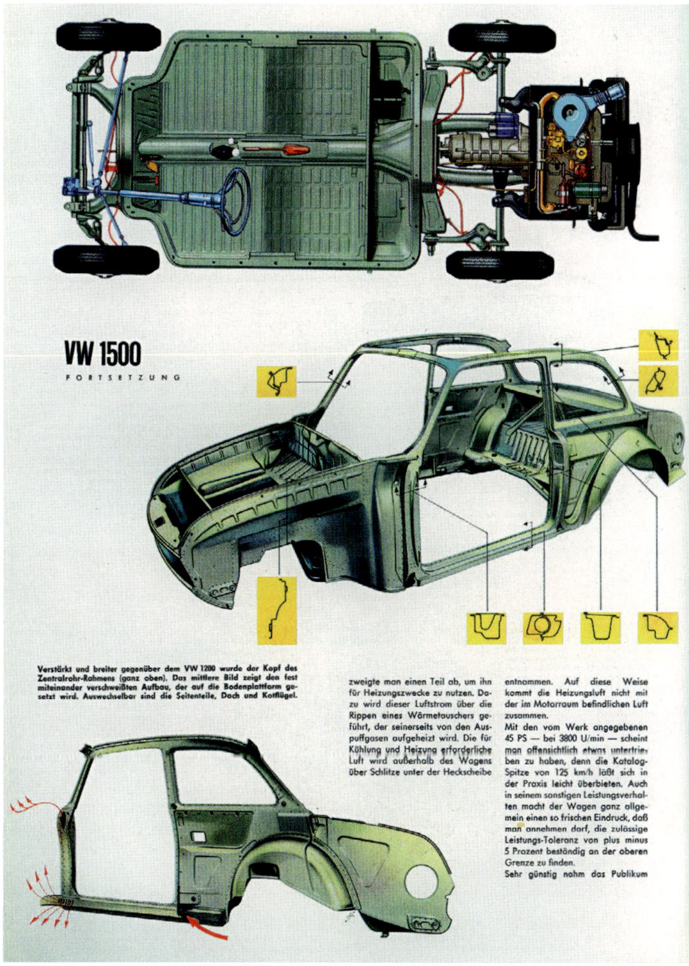

VW 1500
FORTSETZUNG

Verstärkt und breiter gegenüber dem VW 1200 wurde der Kopf des Zentralrohr-Rahmens (ganz oben). Das mittlere Bild zeigt den fest miteinander verschweißten Aufbau, der auf die Bodenplattform gesetzt wird. Auswechselbar sind die Seitenteile, Dach und Kotflügel.

zweigte man einen Teil ab, um ihn für Heizungszwecke zu nutzen. Dazu wird dieser Luftstrom über die Rippen eines Wärmetauschers geführt, der seinerseits von den Auspuffgasen aufgeheizt wird. Die für Kühlung und Heizung erforderliche Luft wird außerhalb des Wagens über Schlitze unter der Heckscheibe entnommen. Auf diese Weise kommt die Heizungsluft nicht mit der im Motorraum befindlichen Luft zusammen.

Mit den vom Werk angegebenen 45 PS — bei 3800 U/min — scheint man offensichtlich etwas untertrieben zu haben, denn die Katalog-Spitze von 125 km/h läßt sich in der Praxis leicht überbieten. Auch in seinem sonstigen Leistungsverhalten macht der Wagen ganz allgemein einen so frischen Eindruck, daß man annehmen darf, die zulässige Leistungs-Toleranz von plus minus 5 Prozent beständig an der oberen Grenze zu finden.

Sehr günstig nahm das Publikum

Sicherheitsglas (»Krümelglas«), eine Verbundglas-Frontscheibe ließ sich erst zum Modelljahr 1970 gegen einen Aufpreis von 71 Mark ordern.

Der neue VW 1500 wirkte in vielerlei Beziehung tatsächlich erwachsener als der Käfer, nur in einer Hinsicht nicht: Hinten gab es nicht mehr Platz, da auch das Typ-3-Chassis den Radstand des Typ 1 übernahm und die Spurweiten fast gleichblieben. Andererseits: konnten die VW-Werkstätten so die erst vor kurzem eingeführten (und auf den Käfer ausgelegten) Prüfstände ohne große Änderungen weiter nutzen. Mitte der 1950er Jahre hatte VW in großem Stil begonnen, seine Werkstätten mit einer Prüfstation zu versehen, die einen gründlichen Wagencheck innerhalb von 12 bis 15 Minuten gestattete. Die ganze Anlage ließ sich auf weniger als 50 Quadratmetern unterbringen und passte auch für kleinere Werkstätten. Für den neuen Typ mussten daher nur wenig Spezialwerkzeuge angeschafft werden, die Kosten dafür lagen mit 1.200 Mark durchaus im Rahmen.

Mit 4.225 mm gerade mal 160 mm länger als der Käfer, war der VW 1500 immer noch deutlich kürzer als die Konkurrenz. Der Opel Rekord überragte ihn um 29 Zentimeter, 14 allein gingen davon auf das Konto des Radstandes; der Ford hatte sogar 17 Zentimeter mehr zwischen den Achsen, war aber nur 23 Zentimeter länger: In der Mittelklasse setzten Ford und Opel die Standards, der größte Fortschritt gegenüber dem Käfer bestand in der Tatsache, dass der Typ 3 zwei größere Kofferräume vorzuweisen hatte – obwohl sie im Vergleich zu Opel und Ford zu klein und zu unpraktisch waren. Immerhin war die Ablage im Typ 3 vorn mit 180 Liter Volumen größer als im Käfer (vorn 140 Liter).

Die Bodengruppe war nicht breiter geworden. Doch da sie sich beim Typ 3 – im Gegensatz zum Käfer – nach vorn nicht verjüngte, bot der Neue ein etwas großzügigeres Raumgefühl (vorn 35 mm mehr Ellbogenfreiheit), wenn auch nur minimal. Die Innenraumbreite lag bei 1350 mm vorn und 1400 mm hinten, die entsprechenden Maße beim

Der Typ 3 verfügte über den Käfer-Radstand. Das Maß hatte man bewusst so gewählt, denn die Werkstätten hatten erst kurz zuvor neue Serviceeinrichtungen erhalten. Und die waren eben auf den VW Käfer ausgelegt. (Volkswagen/Sammlg. Dünnebier)

Zwei Gepäckräume - vorn 180 Liter über dem 40-Liter-Tank, hinten 200 Liter über dem Motor – darin bestand, in Kurzform, der Fortschritt des Typ 3 gegenüber dem Typ 1. (Sammlg. AutoMuseum)

Links im Kofferraum saß der Kraftstoff-Einfüllstutzen. Die vordere Klappe öffnete man mit einem Hebel links unter dem Instrumententräger, die Heckklappe ließ sich über einen Hebel hinten im linken Türrahmen entriegeln. (Sammlg. AutoMuseum)

VW 1200 lauteten 1215 und 1355 mm. Es blieb aber bei den stehenden Pedalen à la Käfer.

Wegen der Volkswagen-typischen Motoranordnung im Heck war das Platzangebot also keineswegs üppig: Zwei Personen konnten genügend Gepäck mitnehmen, vier Personen mussten sich diesbezüglich etwas einschränken. Der vordere Kofferraum (bis Mj. 1970 mit Verriegelung links unter dem Cockpit) fasste laut Werk die genannten 180 Liter, das Volumen des hinteren Gepäckabteils lag noch einmal um 20 Liter darüber. Mit gefülltem 40-Liter-Tank wog der 1500er genau 873 kg, und 377 kg durften zugeladen werden. Der Tankeinfüllstutzen befand sich bis zum August 1967 wie beim Käfer im vorderen Gepäckabteil.

Wolfsburgs neue Mittelklasse war also, auch nach den Maßstäben des Jahres 1961 (und des Käfers) keine Revolution. Das »Keine Experimente!«, mit dem Adenauers CDU die Bundestagswahlen 1956 haushoch gewann – es hätte über dem Eingang des Werks am Mittellandkanal stehen können. Zweifelsohne waren die Erwartungen von vornherein zu hoch gewesen, als dass der konservative Neue hätte punkten können.

Vor allem die sehr zurückhaltend geratene äußere Form reizte zum Widerspruch: »Man baute ein kreuzbraves Auto, das niemandem weh tut, aber auch niemanden begeistert.« (»Das Auto, Motor und Sport«). Und das waren noch die netten Kommentare, es gab andere, die der Meinung waren, dieser Wagen widerlege die Ansicht, ein Auto »bedürfe der modernen Form, um verkauft zu werden«. Andere Spötter behaupteten frech, Volkswagen habe die zehn Jahre alten Pressformen des Ford 12 m, der »Weltkugel«, übernommen. Selbstverständlich war das eine böswillige Unterstellung, aber auch ein deutliches Indiz dafür, dass die Karosserie keine Offenbarung darstellte und kaum den erhofften Aufstieg in die Mittelklasse brachte.

Gebaut wurde der Typ 3 in Deutschland zunächst ausschließlich in Wolfsburg, wo im Dezember 1961 der 10.000. Wagen auslief. (Sammlg. AutoMuseum)

Überdies gab es den Typ 3 in Serie nie als Viertürer, wenngleich noch bis 1965 entsprechende Versuchsfahrzeuge (aufbauend auf dem EA 160) liefen. Ob ein Viertürer die Stimmung aufgehellt hätte? Mutmaßlicher Grund für den Projektstopp waren die Verwindungsprobleme der viertürigen Karosse.

Der damalige Chef der Volkswagen of America, Carl H. Hahn, fand den Neuen ebenfalls zu nahe am Käfer angesiedelt und verhinderte zunächst längere Zeit seinen Export nach Übersee: Er wollte zuerst, so erinnert er sich später in seinen Memoiren, erst einmal das Käfer-Potenzial weiter ausreizen und ihn nicht frühzeitig durch »zweitklassige

Den Typ 3 gab es bekanntlich nie mit vier Türen – was nicht bedeutet, dass man im Werk nicht intensiv darüber nachgedacht hätte. (Sammlg. AutoMuseum)

Am weitesten gediehen die viertürigen Versuchsträger auf Basis des EA 160. Unterschiede fanden sich vor allem im Bereich der hinteren Türen. (Sammlg. AutoMuseum)

Fahrzeugkonstruktionen« ablösen. Immerhin sei der Typ 3 in Augen der Kunden kaum mehr gewesen als eine wenig überzeugende Karosserievariante des Krabblers. Dieses Statement wirkt vielleicht aus heutiger Sicht überzogen, damals aber scheint das die vorherrschende Meinung gewesen zu sein: Als »Großer Volkswagen« ist der Ponton-VW jedenfalls nie akzeptiert worden.

Interieur

Außerdem war der Typ 3 keineswegs besonders üppig ausstaffiert: Eine gute Ausstattung als Absatzanreiz, das war damals nicht unbedingt ein Marketinginstrument, und bei Volkswagen sowieso nicht. Daher geriet die Innenausstattung VW-typisch einfach. An der Schalttafel fanden sich drei Rundinstrumente, was damals allgemein als »sportlich« galt. Mittig vor dem Lenkrad war der bis 150 km/h reichende Tachometer platziert, rechts davon gab es eine Zeituhr, links eine Kraftstoffanzeige sowie die Kontrollleuchten für Blinker, Standlicht, Fernlicht, Lichtmaschine und Öldruck. Links daneben schloss sich die sogenannte Drucktasteneinheit an, vier elfenbeinfarbene Drucktasten in verchromter Kulisse, die ein wenig an zeitgenössische Radios erinnerte. Darüber wurden Scheibenwascher, Scheibenwischer, Stand- und Fahrlicht betätigt. Zwei übereinander liegende Rändelscheiben regulierten stufenlos die Wischergeschwindigkeit sowie die Helligkeit der Instrumentenbeleuchtung. Die Oberkante der Schalttafel war gepolstert. Und das Golde-Stahlkurbeldach (»Sonnendach«) kostete 390 Mark Aufpreis.

Nur wenig ändern indes ließ sich an den Unzulänglichkeiten der Frischbelüftung, was insbesondere bei langsamem Tempo den Fahrspaß minderte. Heftig kritisiert wurde auch die umständliche Heizungsbetätigung per Drehknopf, die sich erst zum Modelljahr 1964 änderte. Die etwas optimierte Heizung galt aber – wie beim Käfer – bis zum Schluss als eine der großen Schwachstellen der Heckmotor-Konstruktion, die nur durch den Einbau einer Standheizung (rund 400 Mark Aufpreis) behoben werden konnte. Auch in der Wolle gefärbten VW-Enthusiasten bestreiten das nicht, Typ-3-Dauernutzer Jürgen Klein kann jedoch aus Erfahrung bestätigen, dass bei völlig intakten Bauteilen die Heizung nicht wirklich schlecht ist. Doch: »Unter null Grad und zum Eisabtauen taugt sie aber wirklich nicht«.

Fahrwerk

Volkswagen-Fahrer waren vom Chassis der neuen VW Mittelklasse nicht sonderlich überrascht: Den Plattformrahmen mit Zentralrohr kannte man im Prinzip schon seit 25 Jahren. Das galt auch für die Vorderachskonstruktion mit den Kurbellenkern und der Drehstabfederung. Im Vergleich zum Typ-1-Käfer waren die Drehfederstäbe beim intern Typ 31 getauften Wagen jedoch doppelt so lang. Sie endeten jetzt nicht mehr in der Mitte des Achskörpers, sondern reichten von einer Seite zur

Der Instrumententräger des VW 1500 (1961) mit Drucktasteneinheit links. Die Bedienung für die Frischluftregelung blieb stets in der Mitte, die ersten Jahre als vertikale Schieberegler, später mittels Drehknöpfen. (Volkswagen/Sammlg. Dünnebier)

1964 gab es ein überarbeitetes Interieur ohne Drucktasteneinheit. (Volkswagen/Sammlg. Dünnebier)

anderen und waren gekreuzt. Dadurch federte der VW 1500 deutlich weicher. Die Achs-Enden waren in Gummi gelagert.

VW-typisch war auch die hintere Pendelachse geraten, die erst zum Modelljahr 1969 einer modernen Schräglenker-Konstruktion für alle 1600er wich. Sie verbesserte das Kurvenverhalten besonders im Grenzbereich – zuerst für alle Automatik-Fahrzeuge ab August 1967, nach den Werksferien 1968 dann für alle Typ 3. Einzige Ausnahme bildeten Variant und Lieferwagen mit erhöhter Nutzlast, die bis zum Ende der Baureihe die Pendelachse beibehielten, aber eine Zusatzfeder aufwiesen.

Der Y-förmige Hilfsrahmen (»Fahrschemel«) verlängerte den Wagen hinten etwas. Gummidämpfer zwischen Fahrzeug- und Hilfsrahmen sorgten für eine bessere Isolierung der Karosserie gegen Fahrbahngeräusche und Motorvibrationen. Allerdings fielen in der ersten Serie immer wieder die Gangstufen heraus, was »auto motor und sport« auf eben jene elastische Dreipunkt-Aufhängung zurückführte, die über das

Vorderachse des VW 1500: Anders als beim Käfer gingen die Federdrehstäbe über die ganze Breite und kreuzten sich in der Mitte. Der Drehstab-Stabilisator befand sich im oberen Querrohr. Statt der Bund- und Achsschenkelbolzen wurden Traggelenke eingesetzt. (Sammlg. AutoMuseum)

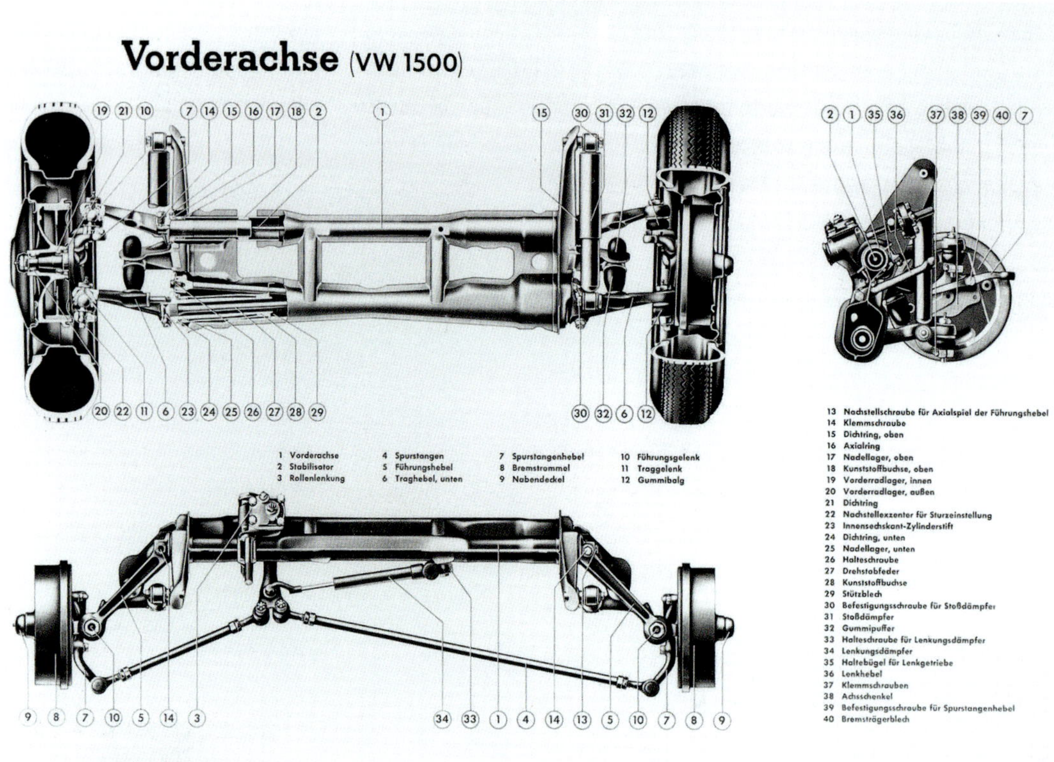

Der Aufbau der Hinterachse – Getriebe davor, Motor dahinter – entsprach dem des Käfer. Prospektabbildung von 1964. (Volkswagen/Sammlg. Dünnebier)

Schaltgestänge mit dem Rahmen verbunden war und unter bestimmten Umständen den Gang herausschüttelte. In schnellen Kurven war es wegen der auftretenden Torsionen mitunter nicht möglich, einen Gang zu wechseln.

Eine deutliche Verbesserung gegenüber dem Käfer erzielten die VW-Techniker durch die Verwendung einer Schneckenrollenlenkung mit Lenkungsdämpfer, welche die häufig kritisierte und längst nicht mehr zeitgemäße Spindellenkung ersetzte. Keinen Unterschied zu den Altvorderen ergaben sich dagegen in der Bereifung, auch der Typ 3 rollte auf großen 15-Zoll-Rädern. Nur der VW 1500 kam in den Genuss der neuen Reifendimension 6.00 x 15. Zunächst wurden allerdings noch keine Gürtelreifen angeboten, weil wegen der Bauart der Felgen noch keine Freigabe erfolgt war. Gürtelreifen gab es erst ab Januar 1968 als Option (Stahl- oder Textilgürtel für unterschiedliche Aufpreise). Diagonalreifen waren also weiterhin serienmäßig, optional sogar als Weißwandreifen.

Der neue Mittelklasse-VW verzögerte über Duplexbremsen, hatte also pro Bremsbacke einen Bremszylinder. »Ausgezeichnet«, lobte die britische »Autocar«, die »erforderlichen Pedaldrücke sind sehr gering«. Andere kritisierten dagegen die aufzuwendende Kraft.

Alle Typ 3 hatten zunächst eine Einkreis-Bremsanlage. Bis 1965 blieb es bei Trommelbremsen rundum, erst mit dem VW 1600/1600 TL kamen vorn Scheiben von ATE zum Einsatz. Dennoch blieb es kurzzeitig bei der Einkreisanlage mit speziellem Bodenventil. Erst ab Modelljahr 1967 wurde auf die Zweikreisanlage gewechselt.

Erste Tests attestierten dem neuen VW ein überraschend gutmütiges Fahrverhalten. Die bauartbedingte Neigung zum Übersteuern, zum Auswandern des Hecks zum Kurvenäußeren, war deutlich geringer als etwa beim Käfer. Auch in Fahrleistungen und Spitzengeschwindigkeit (die im Normalfall bei 130 km/h lag) musste sich der Volkswagen damals vor der Konkurrenz nicht verstecken. In frühen Tests noch nicht so ausgeprägt, aber später immer mehr kritisiert wurde die (Seiten-) Windempfindlichkeit, die Bremsen (man monierte deren Giftigkeit und die hohen Bedienkräfte) sowie die Kupplungsbetätigung (woraufhin Wolfsburg zum Modelljahr 1963 den Kupplungsdurchmesser von 180 auf 200 mm Durchmesser vergrößerte).

Die Bodengruppe des Typ 3 entsprach prinzipiell der des Käfers, war aber im Fußbereich deutlich breiter. Der Radstand betrug weiterhin 2400 mm, auch die Spurweiten differierten kaum. Es gab übrigens acht Schmiernippel, die alle 5.000 km abgeschmiert werden sollten. (Sammlg. AutoMuseum)

Einvergasermotor 45 PS mit geänderter Gebläseanordnung gegenüber dem Käfer-Aggregat. Die Werkstatt benötigte für den Ausbau 30 Minuten, fünf Minuten mehr als beim Käfer. (Sammlg. AutoMuseum)

Motor

45 PS aus 1,5 Liter hatten zunächst für den Antrieb bereitgestanden. Es handelte sich indes nicht einfach nur um einen etwas modifizierten Käfer-Boxer (hier leistete der erst ab August 1966 eingesetzte 1,5-Liter fast identische 44 PS, das Käfer-Modell bekam zu diesem Zeitpunkt dann ebenfalls Scheibenbremsen), sondern um ein aufwändig weiterentwickeltes Aggregat. Wie bei Typ 1 und Transporter Typ 2 handelte es sich beim Typ-3-Motor natürlich auch um einen luftgekühlten Vierzylinder-Boxermotor. Er verfügte über einen Hubraum von 1493 cm³ (Bohrung x Hub: 83 mm x 69 mm). Die VW-Techniker holten daraus besagte, moderate 45 PS bei 3800/min – ein typischer Drosselmotor von hoher Lebensdauer.

1500er Einvergaser-Motor mit der platzsparenden Anordnung der Nebenaggregate saß der Einzelvergaser in der Mitte. Bei der späteren 54-PS-Version mit 1,5 und dann mit 1,6 Liter Hubraum befanden sich links und rechts die beiden Fallstromvergaser. (Sammlg. AutoMuseum)

Die Nockenwelle lag zentral unter der Kurbelwelle. Von dort wurden die Stößelstangen betätigt, die zu den seitlich liegenden Zylinderköpfen führten. In den Köpfen saß je eine Kipphebelwelle, auf welcher vier Kipphebel die Bewegung der Stößelstangen auf die Ventile übertrugen. Hier wurden auch die Ventile eingestellt.

Dieses Beharren auf im Grunde überkommene Bauprinzipien hatte bei VW natürlich gute Gründe. Schließlich galt es, den Ruf des Käfers und des Werks in puncto Zuverlässigkeit und Langlebigkeit zu verteidigen. Das Kurbelgehäuse stammte vom 1200er Käfer-Motor des Jahres 1960, allerdings rotierte darin eine neue Kurbelwelle. Neu war auch die Gemischaufbereitung: Der Typ 3 besaß einen Flachstromvergaser (Typ Solex 32 PHN) statt der beim Käfer üblichen Fallstrom-Gasfabrik.

Die Kunden goutierten es, blieb doch die 45-PS-Einvergaser-Maschine ungeachtet der stärkeren Alternative bis zuletzt im Typ-3-Programm. Offensichtlich reichte vielen genügsamen »Aufsteigern« die gebotene Motorleistung. Diese Version wurde zudem von vielen Behörden bestellt. Und genau für sie sollte das Stufenheck eigentlich nur noch vorübergehend in Produktion bleiben .

Apropos »Flach-« oder auch »Niederflur-Motor«: Das Gebläse war völlig neu angeordnet, es saß direkt an der (verlängerten) Kurbelwelle, nicht wie bisher auf dem Kurbelgehäuse. Typ-3-Fahrer konnten also weiterfahren, wenn der Keilriemen gerissen war – die Kühlung war ja, anders als beim Käfer, gewährleistet. Jedenfalls solange, bis die Batterie alle

Innenleben des Vierganggetriebes des Typ 3 in der Draufsicht. (Volkswagen/Sammlg. Dünnebier)

rückt. Das Kurbelgehäuse aus einer Alu-Mg-Legierung erforderte ovale Lagerschalen, um die Lagerspiele in Grenzen zu halten.« Platzsparend umgruppiert wurden auch Vergaser und Lichtmaschine.

Die geringere Bauhöhe des Motors sorgte für das zusätzliche, wenn auch nicht sonderlich große Gepäckabteil. Am hinteren Ende dieses neu geschaffenen Kofferraums befand sich die Öffnung für den Öl-Einfüllstutzen. An dessen Deckel saß auch der lange Ölmessstab. Der Zugang zum Motor erfolgte über ein herausnehmbares Bodenblech im hinteren Gepäckraum. Ein Merkmal, das neben dem Typ 3 auch der spätere Typ 4 Variant ab 1969 sowie die dritte Generation des Transporters (T3 ab 1979) aufweisen sollte.

Es blieb stets beim vollsynchronisierten Vierganggetriebe (während beispielsweise der Behörden-Käfer noch bis 1964 mit Teilsynchron-Getriebe zu haben war). Eine Wandlerautomatik sollte im Typ 3 erst 1967 nachgereicht werden; im Käfer gab es sie niemals.

war ... Ähnliches hatte Porsche 1933 beim NSU-Prototyp probiert und war gescheitert. Obwohl das Gebläse einen kleineren Durchmesser besaß als das des Käfers, erhöhte sich der Luftstrom zum Motor, und was noch besser war: Die Bauhöhe des Motors reduzierte sich auf nur noch 408 mm, sprich: ein Drittel weniger als beim Käfer.

Durch die Verlagerung des Kühlgebläses ergab sich also eine – im Vergleich zum VW 1200 – etwas andere Kühlluft-Führung. »Der Ölkühler aus Leichtmetall«, so heißt es im Buch »Die Erben des VW Käfer«, »wurde flachgelegt und aus dem Kühlstrom des dritten Zylinders ge-

1962: Der Variant als neue Variante

Den Anstoß für den Kombiwagen gab der Chef der kanadischen VW-Tochter, Werner Jansen. Ihm, wie auch den Chefs der anderen wichtigen Auslandstöchter, war der Typ 3-Limousinen-Prototyp schon 1960 vorgestellt worden, aber die Begeisterung hielt sich bei allen in Grenzen. Diese Enttäuschung und die dennoch erwartete Chance, in Nordamerika – wo große Kombis Tradition hatten – ein Fahrzeug mit

Ghia-Entwurf für die Kombi-Version des Typ 3 vor 1960. Realisiert wurde der Entwurf dann letztendlich von VW-Entwicklern. (K. Schlesinger/Karmann-Archiv)

Prospektabbildungen von 1963, welche den großen Raumgewinn verdeutlichen sollen. (Sammlg. AutoMuseum)

reellen Verkaufschancen zu haben, schob die längst laufende Kombi-Entwicklung weiter an.

1962 war die Tagesproduktion bei Volkswagen auf 4200 Fahrzeuge angestiegen, davon waren etwa 200 Typ 3. Arbeitskräftemangel hinderte die Ausweitung auf 4500 Einheiten, so dass für 1963 rund 4000 italienische »Gastarbeiter« angeheuert werden sollten. Und dieser Personalmangel war auch der Grund dafür, dass die Produktion des Kombiwagens nicht schon im Januar, sondern erst im April 1962 anlief – ein halbes Jahr nach dem Debüt des Typ 3 auf der IAA 1961.

Der schon bald in Großserie produzierte Variant (Typ 36) wurde in zwei Versionen angeboten, nämlich mit 375 kg und mit ca. 460 kg Nutzlast (später waren es 465 und sogar 485 kg). Zusätzlich gab es ab Sommer 1963 eine 1500er Lieferwagen-Ausführung auf Variant-Basis. Sie verfügte über hintere Seitenfenster mit Blecheinsätzen. In einigen Ländern gab es dafür Steuervorteile. Die Lieferwagen wurden in magerer N-Ausstattung mit dem 45-PS-Motor angeboten – ob tatsächlich, wie in verschiedenen Prospekten angekündigt, Versionen mit 54-PS-Motor ausgeliefert wurden, ist vorstellbar, aber nicht gesichert.

Die Hinterachse der Variant-/Lieferwagen-Ausführungen mit erhöhter Nutzlast blieb immer eine Pendelachse, auch nach dem 1968er Umstieg auf die Schräglenker-Hinterachse bei den »normal« ausgelasteten Modellen. Anfangs war das Fahrwerk von Limousine und Variant fast identisch, sie unterschieden sich nur durch stärkere hintere Federstäbe und einen stärkeren vorderen Querstabilisator. Der stärker belastbare Variant verfügte zudem über einen zusätzlichen Drehfederstab an der Hinterachse. Mit Modelljahr 1968 wurde zunächst für den Lieferwagen, dann auch für die Limousinen mit 45 und 54 PS, ein Sperrdifferenzial angeboten (DM 435,-) – ob es je geordert und eingebaut wurde, ist selbst Fachleuten wie Jürgen Klein unbekannt geblieben.

Zwei Laderaum-Ausführungen waren zu haben: mit Rückbank oder – zum geringeren Preis – mit einfacher Ladebordwand und glatter Ladefläche. Auch der »Stadtlieferwagen« wurde mit zwei verschiedenen Traglaststufen angeboten (375 kg oder 460 kg), inklusive Ausgleichsfeder der Hinterachse waren bis zu 300 Mark für die schwerere Ausführung fällig. Neben den Werks-Fahrzeugen gab es, auch Umbausätze zum Nachrüsten, die in alle Welt geliefert wurden.

Bis zur B-Säule war der Variant baugleich mit der Limousine. Auch die Instrumententafeln waren – je nach Baujahr – immer gleich. Neben den offensichtlichen Unterschieden in Dach, Fensterpartie und Seitenteilen war es vor allem die Ausstattung, die den Kombi vom Stufenheck unterschied: Die herausklappbare Armstütze hinten entfiel, die Schlitze für Ansaug-, Kühl- und Heizluft befanden sich in den beiden hinteren, inneren Kotflügeln. Über einen mit dem hinteren Seitenteil verschweißten Luftkanal wurde die Luft zu Ansaugschächten und Gebläse geführt.

Der Rücksitz ließ sich hochstellen und die Lehne waagerecht legen, was eine große, ebene Ladefläche ergab. Das Ladeabteil war mit Gummimatten ausgelegt. Die Heckklappe öffnete weit nach oben. Bei umgelegtem Rücksitz ergab sich eine nutzbare Länge von 1450, eine Breite von 1111 und eine Höhe von 750 mm. 700 Liter passten, wie erwähnt, hinten rein. Insgesamt ließen sich dort bei umgeklappter Rückbanklehne bis 1200 Liter verstauen. Selbstverständlich ließ sich für den Variant ebenfalls das Stahlkurbeldach ordern.

Unter dem recht hohen Laderaumboden fand der Flachmotor Platz – hier im Variant. Rechts hinten im Fahrzeug saß der Öleinfüllstutzen mit integriertem Meßstab. (Sammlg. AutoMuseum)

Der Gepäckraum fasste 700 und bis zu 1200 Liter bei umgelegter Rückenlehne. Die Klappe schwang sehr weit auf, das erleichterte die Beladung, wiewohl konstruktionsbedingt die Ladekante immer noch sehr hoch lag. Doch das war damals auch bei Frontmotor-Fahrzeuge kaum besser. Die Schlitze seitlich in den Kotflügeln dienten der Luftansaugung für Kühlung und Verbrennung. (Sammlg. AutoMuseum)

Der Kombiwagen wurde als Familien- und Lifestylegefährt vermarktet. Zu den treuesten Kunden gehörten aber auch Behörden wie die Bundespost, hier im kargen Grau der Fernmelddienst. Hier ein 1967er bereits mit außenliegender Tankklappe vorn rechts. (Sammlg. AutoMuseum)

Alle Typ 3 für die USA wurden bis 1969 mit der kurzen Reflektorvariante (allerdings verchromt) und Pickelblinkern vorne ausgeliefert. (VWoA)

Links 1500 Variant, Mitte Stadtlieferwagen und rechts 1600 Variant mit 375 kg bzw. gegen Aufpreis mit 460 kg Nutzlast (Prospekt 1/1966). Der neue 1600er ist u.a. an den geänderten Reflektorgehäusen zu erkennen. Der 1600er hat die langen, verchromten Gehäuse des 1500 S beibehalten, während der 1600 A oder N und die Lieferwagen die frühe Version der ersten beiden Typ-3-Jahre behielten. (Volkswagen/Sammlg. Dünnebier)

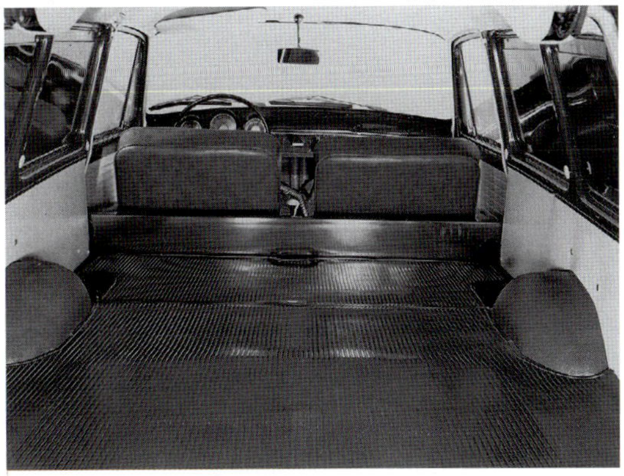

Der Typ 3 als »Stadtlieferwagen« ohne Rückbank und mit Gummibelegter Ladefläche bzw. mit Sitzbank. (Sammlg. AutoMuseum)

Die Seitenflächen waren verglast und von außen verblecht. (Sammlg. AutoMuseum)

1963: VW 1500 S – die Modellreihe wächst

Wie bereits erwähnt, blieb die 45-PS-Variante 1963 (und dann noch viel länger, nämlich bis zur Einstellung der Baureihe) im Programm – nunmehr 1500 N genannt und sogar modellgepflegt. Für den neuen Jahrgang 1964 warb das Volkswagenwerk in seinen Anzeigen mit 28 Verbesserungen, wobei sich Wolfsburg auf Änderungen innerhalb eines Jahres – vom 1.8.1962 bis zum 1.8.1963 – und zweier Modelljahre bezog.

Der Test des 1500 S war dem Fachmagazin 1963 eine vielseitige Titelstory wert.

Viel mehr in der Wahrnehmung geblieben ist die Einführung der sogenannten S-Modelle zum Modelljahr 1964, also ab Sommer 1963. Die Preisgestaltung war nahezu sensationell: Mit der Einführung des Spezial-Modells, das mit 6400 Mark so viel kostete wie das bisherige Normal-Modell mit 45 PS, sank der Basis-1500er (jetzt also mit dem Kürzel N versehen) unter die 6000-Mark-Grenze (genauer: DM 5990,–). Bis zu 90 % der Käuferschaft entschieden sich für den 1500 S, trotz seiner Festlegung aufs teurere Superbenzin. 1500 N und 1500 S unterschieden sich, wenn auch nur in Details. So hatten die S-Ausführungen mehr Chromzierrat und das S-Wappen auf der Nummernschild-Beleuchtung, serienmäßig bekam der S einen rechten Außenspiegel. Innen gehörten ein bis 160 km/h reichender Tacho und neue Dessins für Sitzbezüge und Verkleidungen zu den Unterscheidungsmerkmalen. Für 310 Mark Aufpreis ließ sich der 1500 N mit der S-Ausstattung aufrüsten (und hieß dann in der Preisliste verwirrenderweise »1500 S, 45 PS«).

Wie die Limousine gab es auch den Lastenesel aus Niedersachsen ab dem Modelljahr 1964 in S-Ausführung. Als Kombiwagen war der S-Variant aber eine kleine Enttäuschung. Weder im Raumangebot noch in den Fahrleistungen bot er gegenüber Opel Rekord oder Ford Vorteile, er war und blieb ein Lieferwagen, wenn auch einer, der »allgemein im Gegensatz zur Limousine als schön« (ams) empfunden wurde – und zunächst gerade mal 300 Mark mehr kostete: »Der Variant lässt das Konzept klarer Zweckmäßigkeit, das dem VW 1500 zugrunde liegt, noch deutlicher werden als die Limousine«. Nicht wenigen Kunden wurde der ausschließlich zweitürige Volkswagen dennoch auf die Dauer einfach zu eng. Die Polizei von Frankfurt beispielsweise beschloss aus diesen Gründen Ende 1964, keine neuen Variant mehr anzuschaffen. Anderswo war er allerdings später noch als 1600er im Einsatz.

»Was VW-Fahrer beim VW 1200 seit zehn Jahren vergeblich träumen, ist beim VW 1500 schon nach zwei Jahren Wirklichkeit geworden: Es gibt eine serienmäßig schnelle Ausführung ...«, begann »auto motor und sport«-Tester Reinhard Seiffert seinen Fahrbericht des S-Modells. Herzstück der »Spezial«-Ausführungen war der auf 54 PS bei 4200/min erstarkte Boxer. Volkswagen hatte es geschafft, im engen und vollgestopften Motorabteil einen zweiten Vergaser unterzubringen: »Das Ergebnis ist der flachgedrückteste Luftfilter, den man jemals gesehen hat«, kommentierte Autotester Seiffert.

Im Frühjahr 1964 rechnete »mot« die Kosten hoch, die bei einer Umrüstung des 1500 N auf die zwei Vergaser des 1500 S entstünden. Die VW-Hausgazette »Gute Fahrt« rechnete ebenfalls nach und kam sogar auf über 600 Mark, was fast das Dreifache der von »mot« veranschlagten Summe ergab. Beide aber waren sich im Grunde einig: Eine Umrüstung lohnte sich kaum. Nebenbei: ein Austauschaggregat kostete 975 Mark, der Aus- und Einbau in der Werkstatt 24,50 Mark.

Die Unterschiede zwischen den N- und S-Varianten waren nicht groß. Volkswagen zeigte sie daher in diesem Prospekt für das Modelljahr 1964 besonders ausführlich. (Volkswagen/Sammlg. Dünnebier)

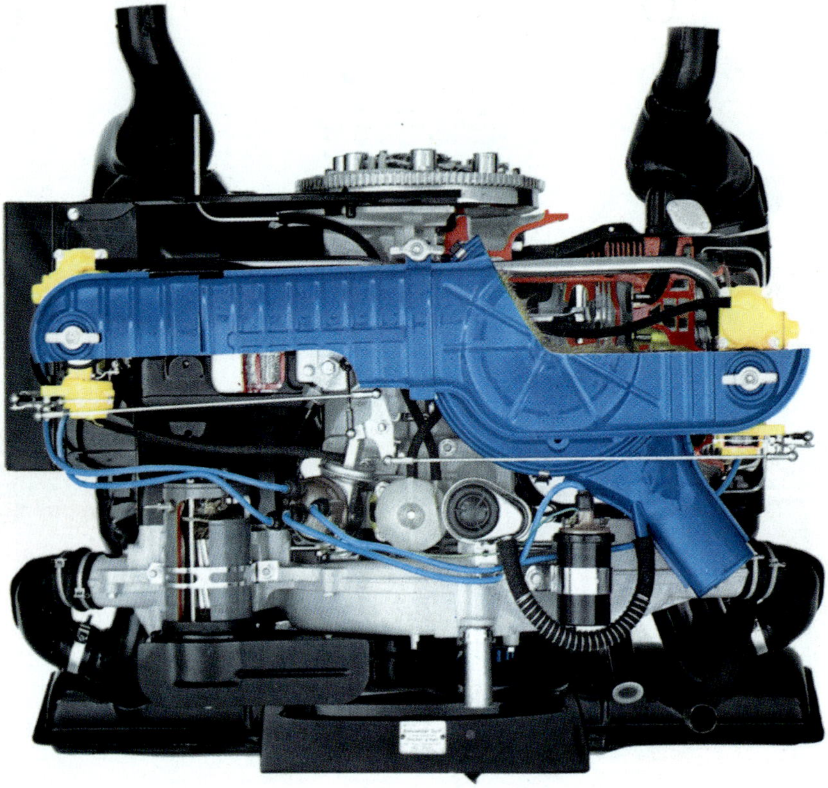

Flachmotor des VW 1500 S aus dem Prospekt 8/1964. Bei der gezeigten 54-PS-Version sitzen links und rechts die beiden Fallstromvergaser (Volkswagen/Sammlg. Dünnebier)

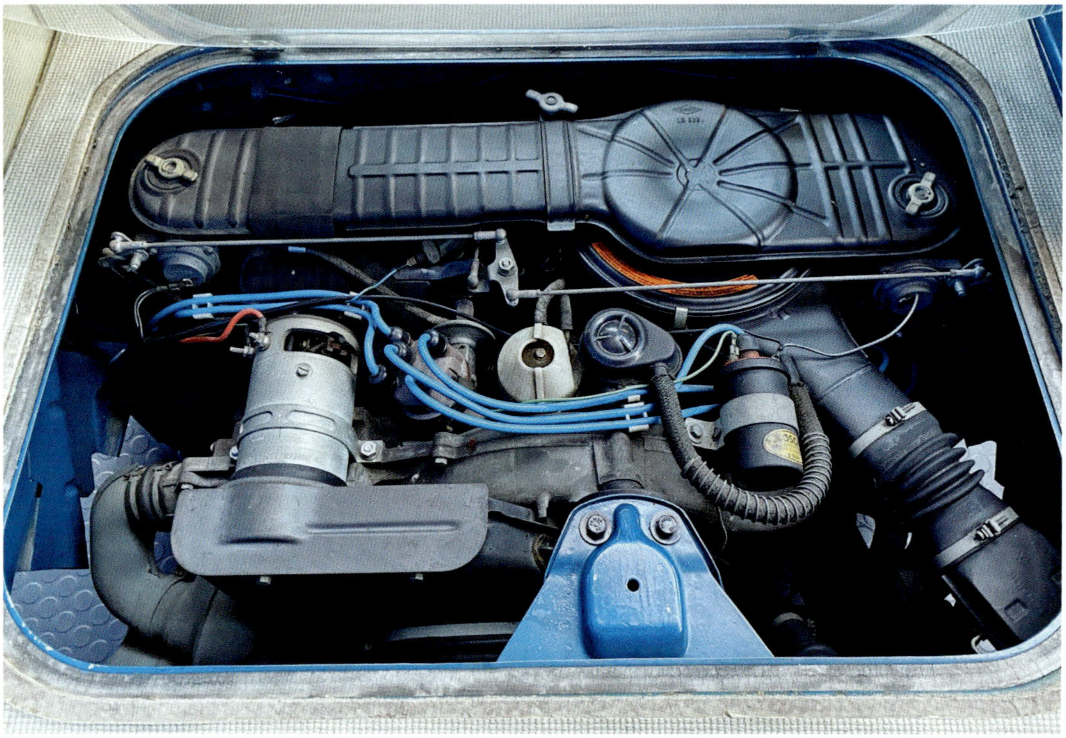

Zweivergasermotor im 1500 S. Die blauen Kabel gab's nicht serienmäßig, sondern wurden so in einem Messemodell verbaut. (Kittler)

1500 S von 1963, von dem ein Exemplar zu Ausstellungs- und Werbezwecken aufgeschnitten wurde. Der Prospekt wurde im August 1963 veröffentlicht und wich durch seine Schwarzweißbilder (die tatsächlich vierfarbig gedruckt waren) von der üblichen Typ-3-Werbelinie ab. Das Fahrzeug selbst war übrigens blau lackiert und steht heute im AutoMuseum. (Sammlg. AutoMuseum)

Normal- oder Superbenzin für den Typ 3? Der gezeigte 1500 N bzw. A (1964) begnügte sich mit Normalbenzin. Im Vordergrund ein Borgward Isabella. Die Bremer Marke existierte zu dem Zeitpunkt nicht mehr. (Sammlg. AutoMuseum)

VW 1500 S mit den vor allem an Fotofahrzeugen zu findenden Weißwandreifen anno 1963. Im Alltag sah man solche Reifen kaum an Fahrzeugen. (Sammlg. AutoMuseum)

Die Höchstgeschwindigkeit laut Werk stieg damit auf 135 km/h, eher die untere Grenze dessen, was man von diesen 1500ern erwarten durfte. Gut eingefahrene S-Modelle schafften auf der Autobahn die 140 km/h. Aber auch mit seiner Zweivergaser-Anlage, dem kernigen Motorgeräusch und dem kurz übersetzten vierten Gang war der 1500 S kein Sportwagen. Er wirkte indes sportlicher, als er tatsächlich war – was dazu beitrug, dass nicht wenige Boxer hochgingen, weil sie (empfohlene Höchstdrehzahl 4200/min) überdreht worden waren.

Trotz »S« kein Sportwagen

Die Stuttgarter Automobilzeitschrift »mot« hatte den VW 1500 S einem zweijährigen Dauertest unterzogen. Nachdem der Wagen 35.000 Kilometer absolviert hatte, wurde Bilanz gezogen: Wenig Begeisterung ernteten das Fahrverhalten (»in schwierigen Fahrsituationen oft unzumutbar hohe Ansprüche an das Fahrgefühl des Fahrers«), die Wartungsfreundlichkeit (»Einstellempfindlichkeit des Motors mit zwei Vergasern wird nicht von jeder Werkstatt bewältigt«), die Startautomatik (»guter Kaltstart, aber Leerlauf entweder zu schnell oder unzuverlässig«), die Geräuschkulisse (»besonders in den unteren Gängen lästig«), der Verbrauch (»Superkraftstoff nötig [...] im winterlichen Kurzstreckenbetrieb stark ansteigend«) sowie die Kosten (»Werkstattkostenniveau überraschend hoch, der VW 1500 S [...] ist nicht mehr im eigentlichen Sinn ein Volkswagen«).

Andererseits: Neben den VW-typischen Pluspunkten wie Verarbeitung, Betriebskosten, Werkstattnetz und Wiederverkaufswert sprachen für den VW besonders dessen Funktionalität (»Bedienung, Instrumente, Armaturenbrettgestaltung«), die Ausstattung (»Schonbezüge überflüssig«) sowie dessen Beschleunigung und Fahrleistungen (»keine speziellen Probleme im Alltagbetrieb und bei Dauervollgas auf der Autobahn«).

Wer aber unsensibel genug war, den 1500 S längere Zeit über 5000 Touren zu drehen, konnte sogar dem schier unverwüstlichen VW-Motor den Garaus machen. Das schafften die Tester der Verbraucherzeitschrift »DM« bei ihrem 50.000-Kilometer-Vergleichstest der 1,5-Liter-Klasse, an dem zusammen mit dem VW jeweils ein Alfa Romeo Giulia 1600 TI, ein BMW 1500, ein Fiat 1500, ein Opel Rekord 1700, ein Ford 17 M 1700 und ein Peugeot 404 teilnahmen. Zitat aus Heft 10 vom 5. März 1964: »Wir haben es jetzt aufgegeben: Wir haben den VW 1500 S aus dem Test herausgenommen.« Dem voraus gingen acht kapitale Motorschäden, nach Meinung des Magazins die Folge eines »Konstruktionsfehlers am dritten Zylinder«. Das Volkswagenwerk reagierte mit einer Klage: »Die an dem VW 1500 S eingetretenen Ventilschäden weisen darauf hin, dass der Motor des Wagens durch rücksichtslose Fahrweise mutwillig zerstört worden ist.«

Dass der VW »nicht zuverlässig« und »nicht empfehlenswert« sei, beschäftigte alsbald die Gerichte: VW gegen »DM« (Einstweilige Verfügung, Klage auf Gegendarstellung und Schadenersatz), »DM« gegen VW-Rechtsanwalt Augstein (ein Bruder des »Spiegel« -Herausgebers; diskriminierende Äußerungen), »DM« gegen die Richter des Landgerichts Hannover (wegen Befangenheit), der Landgerichtspräsident Hannover gegen »DM« (wegen Beleidigung), »DM« gegen »mot« (»[DM] hat junge Fahrer auf Krawall fahren lassen«; Beleidigung und Verleumdung), »DM« gegen »Bild« (Einstweilige Verfügung, weil das Blatt vor »DM« »gewarnt« hat), »Bild« gegen »DM« (Einstweilige Verfügung gegen

Behauptung, der »Bild«-Test sei »ein Werk der Firmen Porsche und VW«), Privatklage des »Bild«-Testers gegen den »DM«-Verleger wegen Beleidigung und übler Nachrede), kurzum: Jeder gegen jeden, und am Ende stellte das Oberlandesgericht Celle fest, dass die Motorschäden wahrscheinlich auf Überdrehen des Motors zurückzuführen seien: »Und in der Bedienungsanweisung für den VW 1500 S ist deutlich genug hierauf und auf die Gefahren nicht rechtzeitigem Umschaltens unter genauer Angabe, wann zu schalten ist, hingewiesen.«

Ende 1964 endete der Rechtsstreit zwischen »DM« und VW mit einem Vergleich. »DM« bagatellisierte den Vorfall, der einen Wagen aus der ersten Serie betroffen habe und demzufolge Schnee von gestern sei: »Die VW Konzeption: Alle Volkswagen werden zum Vorteil des Verbrauchers ständig verbessert.«

Der VW 1500 S wurde mitunter als Sportwagen missverstanden und entsprechend gefahren. Das führte teilweise zu unerwarteten Resultaten.

Die Fachpresse, und allen voran »auto motor und sport« als Meinungsmacher auf diesem Bereich, kritisierte übrigens die »DM«-Vorgehensweise scharf. Die Beurteilungsmethoden seien leichtfertig. Pikanterweise wurde kurz darauf im Rahmen der Rubrik »Automobilreport« in eben jener Zeitschrift über diesen Wagen nicht nur Positives berichtet. Das Institut für Demoskopie in Allensbach hatte eine Umfrage gestartet unter 141 Besitzern gestartet, die 2,8 Millionen Kilometer zurückgelegt hatten – »eine Dokumentation, keine Meinungsäußerung«, wie die Zeitschrift betonte. Und diese Statistik kam zu erstaunlichen und wenig schmeichelhaften Ergebnissen. 14 von 100 VW hatten schon einmal abgeschleppt werden müssen, 16 von 100 vermeldeten Motorschäden, und 96 von 100 hatten im ersten Jahr Grund zur Reklamation. Und jeder vierte VW litt an Mängeln, die von der Werkstatt nicht in Griff zu bekommen waren. Die Auswertung, die Klaus Kulkies im Auftrag der Redaktion erstellte, brachte Erstaunliches an den Tage (und ist, ganz nebenbei, der Beweis, für den Fortschritte im Automobilbau): 46 Prozent der Besitzer waren mit der Heizleistung unzufrieden, 31 Prozent der Befragten hatten Ärger mit der Kupplung und 21 Prozent mit der Zündung, 20 Prozent bemängelten einseitig ziehende Bremsen und 14 mussten abgeschleppt werden: Das Ergebnis war, gelinde gesagt, eine Enttäuschung. »Dieses Automobil fällt nicht mehr unter die Jugendgerichtsbarkeit«, bilanzierte Alfa 2600 Spider-Fahrer Kulkies. Sein Urteil wirft ein sehr bezeichnendes Bild auf den Automobilbau jener Tage. Es war nämlich keineswegs so, dass der VW damit im Konkurrenzumfeld grottenschlecht abgeschnitten hätte: Die Konkurrenz war kaum besser, und in der Verarbeitung, Lack- und Materialqualität, in der Dauerhaltbarkeit und der Rostresistenz stellte der Typ 3 die Mitwerber allemal in den Schatten: Man hatte einfach eine käferartige Problemfreiheit erwartete, und diese Messlatte war selbst für den Großen VW eine Nummer zu groß: Noch nicht einmal das Volkswagenwerk selbst schaffte es, einen Volkswagen zu bauen, der besser als der Käfer war ...

Intensiv mit dem VW 1500 S beschäftigten sich auch die Autotester der Zeitschrift »hobby«. In ihrem »Super-Test« verglichen sie den neuen VW mit dem DKW F 102 und dem Ford 17 M. Der Test fand auf Sizilien statt und führte über die Straßen der Targa Florio. Der Bergprüfung (»Sehr sportlich, direkte Lenkung [...], bestes Anzugsdrehmoment aus Kurven heraus«) folgte eine weitere auf abgesperrter Strecke bei Segesta (»Der spritzigste Wagen, herrlich zu schalten, anzugsfreudig [...], neigt aber stark zum Übersteuern; Motor sehr laut«), bevor die Testcrew die Probanden dann rund um den Ätna jagte (»Eindeutig der Schnellste, Belastung im Fahrwerk kaum bemerkbar [...], aber wo hätten die vier VW-Insassen ihr Gepäck unterbringen sollen?«).

Auf einem ehemaligen Feldflugplatz bei Trapani kam es dann zu den Wedeltests und einem höchst unliebsamen Zwischenfall: Scharf rechts eingeschlagen, wanderten die beiden kurveninneren Räder nach oben und der VW legte sich (»wie in Zeitlupe«) auf die Seite. Der Testfahrer stieg durch das offene Schiebedach aus. Der VW 1500 S wurde wieder aufgerichtet, dann das Ganze nochmal, diesmal in die andere Richtung. Erneut stieg der VW hoch, diesmal war der Fahrer vorbereitet und konnte sein Gewicht entsprechend verlagern und den Wagen wieder auf die Räder drücken. Die Redaktion stand vor einem Rätsel, die Techniker in Wolfsburg zunächst auch: »Es sind uns bisher keine Fälle, in denen der Wagen beim Wedeln umstürzte, zur Kenntnis gelangt.« Zurück in Stuttgart, fanden die »hobby«-Redakteure schließlich des Rätsels Lösung: Zu hoch eingestellte hintere Federstäbe und ein Bodenbelag mit hohem Reibwert führten zu jenem Umfaller. Korrekt eingestellt, passierte nichts, auch wenn bei Rechtskurven die Straßenlage immer noch zu wünschen übrigließ: »Wenn man allein im VW 1500 S sitzt und den Wagen bei Gefahr einmal herumreißen muss, dann besser nach links als nach rechts.«

Die Kunden ließen sich durch diese Querelen den Spaß am VW 1500 S nicht vermiesen, zeitweise entschieden sich bis zu 90 Prozent aller Typ-3-Käufer für die VW-Mittelklasse in S-Version. Aber schon zwei Jahre nach seinem Erscheinen wurde der schlagzeilenträchtige Spezial-VW wieder abgelöst – vom 1600 TL.

Warum kippte der VW 1500 S um?

Es war ein unbegreifliches Phänomen: Fast im Zeitlupentempo legte sich unser Testwagen zur Seite und kippte um. In zahlreichen Prüfungen, Testfahrten und Messungen gingen wir dem Rätsel zu Leibe. Jetzt kennen wir den Grund.

Als wir uns vor mehr als zwei Jahren als erste Zeitschrift entschlossen, die Wagen für unsere Super-Tests, wie jeder Normalverbraucher, beim Händler zu kaufen, da mag mancher diesen Entschluß für einen journalistischen Gag und nicht mehr gehalten haben. Wir kaufen aber die Super-Test-Wagen nicht, weil wir befürchten, daß man uns besonders präparierte Fahrzeuge unterjubeln könnte, sondern wir kaufen sie, um Stichproben zu machen, in welchem Zustand Herr Müller, Herr Blunschli oder Herr Hofer einen neuen Wagen ausgeliefert erhält. Der eben abgeschlossene 8. Super-Test hat in besonders krasser Form die Berechtigung dieser Überlegungen bestätigt. So hatte zum Beispiel der DKW F 102 ein ausgeschlagenes Antriebsgelenk, beim Ford 17 M war die Startautomatik nicht angeschlossen, und beim VW 1500 S stimmte das Fahrwerk hinten und vorn nicht.

Mängel scheinen heutzutage zum Neuwagen zu gehören; die Händler stöhnen selbst darüber, wie viele

NEGATIV ist der Sturz bei der Eingelenk-Pendelachse: Das Außenrad stemmt sich in X-Stellung gegen Fliehkraft und Straße.

POSITIV ist der Sturz der Zweigelenkpendelachse: Die Räder stemmen sich nicht gegen die Straße, sondern kippen nach innen ein.

82

Problemlos war das Fahrverhalten, trotz bekannter Komponenten, keineswegs, wie »hobby« noch im Mai 1965 beschrieb.

1965: Nur ein Zwischenmodell: Der VW 1500 A

Nach der Präsentation des 1500-S-Nachfolgers im August 1965 mutierte das bisherige Mager-Modell 1500 N mit 45-PS-Motor zum noch ärmlicheren 1500 A. Er hatte nur lackierte statt verchromter Fensterstreben am Übergang zwischen Ausstell- und Kurbelfenster in den Türen, das hintere Seitenfenster ließ sich nicht ausstellen. Auch viele andere Features fielen weg. Angeboten wurde der 1500 A für etwa 400 Mark Minderpreis, wobei andererseits gleich mit einer reichhaltigen Sonderausstattung gelockt wurde: Beispielsweise mit Stoßstangenhörnern, Griffleiste für die vordere Haube, Alu-Zierblenden für die Räder, größere und höhere anstelle der flachen Rückleuchten, verchromte Rückstrahlergehäuse und zweite Sonnenblende. Dieses Paket kostete allerdings 200 D-Mark extra.

Der bisherige VW 1500 N mutierte zum VW 1500 A. Natürlich ließ sich das eingesparte Geld durch die aufpreispflichtiger Sonderausstattung wieder ausgeben. Prospekt mit Druckdatum Januar 1966. (Volkswagen/Sammlg. Dünnebier)

Die anderen Typ 3

Die Typ-3-Familie hätte wesentlich umfangreicher ausfallen können als die bekannten und schließlich auch realisierten Varianten. So gab es zum Beispiel Zeichnungsentwürfe von Ghia aus den Jahren 1959/60, die sowohl einen Kombiwagen als auch eine Cabrio-Version zeigten. Zuvor war bereits eine 2+2sitzige Cabrio-Version des EA 97 ohne hintere Seitenscheiben fertiggestellt worden. Sie blieben zwar alle auf der Strecke– aber nicht unbemerkt. Das gilt vor allem für das Cabriolet.

Das Karmann-Cabriolet

Zwischen 1961 und 1963 wurden bei Karmann in Osnabrück insgesamt 16 – andere sprechen von nur zwölf – Einzelstücken eines Typ-3-Cabriolets (Typ 35) gebaut. Volkswagen Classic besteht auf sehr glaubhaften 16 Fahrzeugen, konkret: acht perlweiße, sieben rubinrote und ein golfblaues. 13 davon seien im Jahr 1961, nur drei im Folgejahr entstanden. Die »Clubzeitschrift der VW Typ 3 Liebhaber e.V.« hat intensiv in den Unterlagen des Volkswagen Archivs gekramt und konnte im Rahmen dieser Recherchen nur insgesamt neun 1500er Cabrios nachweisen. Demnach entstanden 1961 vier und 1962 fünf Cabriolets.

Doch wie viele Exemplare nun es auch gewesen sein mögen: Das Cabriolet war bei der IAA Premiere der neuen Baureihe im September 1961 auf dem Messestand zu bewundern. Es galt als serienreif, und auch der Preis stand fest: Es hätte 8200 Mark kosten sollen. Ein sechsseitiger A4-Faltpropekt, der Ersatzteilkatalog sowie sonstiges Werbematerial waren bereits gedruckt. Das wunderschön geformte Fahrzeug war mit dem 45 PS starken 1,5-Liter-Motor ausgestattet und verfügte über ein nahezu voll versenkbares Verdeck mit Sicherheits-Heckscheibe. Urheber des Verdeckmechanismus war der legendäre Johannes Beeskow, der damals als Produktionsleiter in Osnabrück agierte. Das Gepäckraumvolumen wurde mit 460 Liter angegeben.

Kaum glaubhaft allerding scheint, dass der umfangreich versteifte Fahrzeug mit höher angeordneten Schwellern nur 50 kg Mehrgewicht (leer 903 kg, Gesamtgewicht 1280 kg) aufgewiesen hat. Gedacht war das Fahrzeug als größere Ergänzung zum bereits bei Karmann produzierten Käfer Cabrio. Es sollte in erster Linie die US-Amerikaner begeistern. Daran muss es aber vertriebsseitig erhebliche Zweifel gegeben haben, gemutmaßt wurde sogar, dass der schicke offene Karmann in den USA potenzielle Käufer des ebenfalls von VWoA vertriebenen Porsche 356 zum Umdenken gebracht hätte. Jedenfalls zog der VW-Vorstand die bereits erteilte Produktionsfreigabe zurück und legte das Projekt am 30. Januar 1963 zu den Akten.

»Die für den 5. Dezember 1962 in Aussicht gestellte Freigabe von 150 Exemplaren des Typ 341 (‚Typ 34 C‘) und 351 (‚VW 1500 Cabrio-

Im Vordergrund das nach der Vollrestaurierung mittlerweile hellblaue Cabrio (Nummer 0076081) aus der Werksammlung Osnabrück, dahinter das rote Exemplar des AutoMuseums. (Kittler)

Ghia-Entwurf für die angedachte Cabrio-Version des Typ 3 vom Ende der 50er-Jahre. (K. Schlesinger/Karmann-Archiv)

Dieses Cabrio auf Basis des verworfenen EA 97 hat leider nicht überlebt. (Sammlg. AutoMuseum)

let') blieb aus. Nach intensiven Beratungen teilte Volkswagen am 5. Februar 1963 der Wilhelm Karmann Fahrzeugfabrik mit, dass auf die Fertigung des Cabriolets verzichtet würde«, teilte der frühere Archivchef Dr. M. Grieger nach Anfrage am 4. August 2011 mit. »Wann das letzte der zuvor hergestellten Versuchsfahrzeuge, deren Karosseriesteifigkeit zu grundlegenden Einwänden Anlass gab, bei Karmann gebaut wurde, kann ... nicht beantwortet werden.«

Drei perlweiße Cabrios waren noch 1962 während des Kölner Karneval-Umzugs präsent. Insgesamt acht Fahrzeuge blieben dann bei Karmann, die anderen gingen nach dem »Aus« nach Wolfsburg – so heißt es im »Volkswagen Classic Magazin Nr. 16«. Sie wurden dann an VW-Großhändler gegeben, waren aber nicht für den freien Verkauf zugelassen. Tatsächlich wurden aber drei Cabrios in 1962, vier in 1963 und einer in 1965 von Privat zugelassen. Dass wirklich zehn Versuchswagen im Schredder landeten, darf getrost bezweifelt werden. Auf jeden Fall überlebten mindestens zwei fahrbereite Exemplare (Chassisnummern 0076060 und 0076081): Eines steht im AutoMuseum Volkswagen, ein zweites – restauriert – in der Werkssammlung in Osnabrück. Beide hatten ihren Rahmenbau bereits am 30. August 1962 erlebt, die Karosserien kamen erst später drauf.

Das rubinrot lackierte und niemals zugelassene Vierfenster-Cabrio (Chassisnummer 0076060) des AutoMuseums Volkswagen. (Volkswagen Classic)

Die Präsentation des Typ 3 Cabriolets erfolgte auf der IAA 1961 zunächst vor Pressevertretern. (K. Schlesinger/Karmann-Archiv)

Das Werk hatte nicht nur die kompletten Ersatzteilkataloge und Prospekte erstellt, auch die Unterlagen für die Presseaussendungen waren bereits entstanden. (K. Schlesinger/Karmann-Archiv)

Corrida Sport-Cabriolet

Einen kaum bekannten Cabrio-Umbau stellte der junge Münchner Student Max Hofer vor. Dessen Geschichte, beziehungsweise die seines wunderbaren Cabriolets, hat Automobilhistoriker und –Autor Alexander F. Storz nachrecherchiert.

Max Hofer studierte Maschinenbau und betrieb eine kleine Autowerkstatt in München-Schwabing. Dort spezialisierte er sich auf die Umrüstung von VW Käfern von Winkern auf Blinker (die waren ab 1961 gesetzlich vorgeschrieben) und dem Umbau von »Ovalis« auf die größere, nach 1957 verwendete Heckscheibe. Schon bald nach Studienbeginn, mit 22 Jahren, strandete in seiner Werkstatt ein Volkswagen 1600 Variant (nach Typ-3-Spezialist Jürgen Klein handelte es sich bei der Basis um einen VW 1500 S, was besser zur zeitlichen Abfolge passt) mit Unfallschaden. Hofer entfernte die Karosserie, verstärkte das Chassis mit Stahlrohren und modellierte aus Gips, verstärkt mit Kaninchengitterdraht eine wunderbare Sportwagen-Karosserie, die frappant dem Renault Caravelle ähnelte. Der Wagen mit seiner Gips-Karosserie war zwar fahrbereit, aber alles andere als alltagstauglich. Um Storz zu zitieren: »Man konnte damit fahren, aber durfte nirgends anecken«. Zu dieser Zeit lobte die Illustrierte Stern einen Karosseriewettbewerb aus, was für Hofer den Ausschlag gab, die Gipskarosserie mit einer Glaspolyesterschicht zu überziehen. Danach zerschlug er den Gips-Unterbau. Die Karosserie lackierte er dann in einem eleganten Silbergraumetallic, verbaute schwarze Sitze sowie Weißwandreifen. Was sonst noch so benötigt wurde stammten von allen möglichen Fahrzeugen, die Heckleuchten beispielsweise kannte man vom Ford Taunus 17m P3, die Windschutzscheibe spendete ein Karmann-Ghia und die Seitenfenster der BMW 700. Das Resultat der Puzzlearbeit war so beeindruckend, dass die Preisrichter der Zeitschrift den Corrida auszeichneten.

Zu einer Serienfertigung kam es aber nicht, der Corrida blieb ein Einzelstück und diente seinem Erbauer rund acht Jahre lang als Privatwagen. Danach verkaufte er ihn Anfang der 70er an einen Freund, der den Corrida in seine Einzelteile zerlegte, um ihn zu restaurieren. Dazu kam es aber nicht, die Corrida-Fragmente wurden aus der Scheune heraus gestohlen und tauchten nie wieder auf.

Was vom Corrida bliebe, waren die Prospekte, welche Hofer hatte drucken lassen und für zehn Mark pro Stück an Interessenten verschickte. »Ein Sportwagen der Spitzenklasse, den Sie sich selbst bauen können«, dichtete Hofer, der vorausschauend eine eigene Firma gründet hatte, »jetzt ist er für Sie erschwinglich. Die italienisch-elegante Linienführung wurde mit einer exklusiven Innenausstattung kombiniert.« Einen Preis nannte er nicht, aber man darf von etwa 8500 Mark ausgehen, plus die Umbauaufwendungen. Als Gesamtpreis nannten damalige Presseagenturen sehr tapfere 10.600 D-Mark.

Der Corrida ging nicht in Serie, er war zu teuer. (Sammlg. Klein)

Der Hofer-Sportwagen entstand auf Basis des Typ 3. (Sammlg. Klein)

Das Osnabrücker Exponat wurde über Jahre von Johannes Beeskow als Dienstwagen gefahren, trug zunächst die Zulassungsnummer »OS-KA 99« und war perlweiß lackiert. Später nachgerüstet worden sind die Zierleisten des 1500 S sowie eine schwarze Kunstleder-Innenausstattung. Die Verriegelung der Frontklappe ließ sich übrigens nur beim Cabrio abschließen. (Volkswagen Classic)

Volkswagen-Typ-3-Vielfalt

Neben dem 1500 Cabrio, dem Corrida-Sport-Cabriolet von Max Hofer und den brasilianischen Schöpfungen (Kapitel 5) gab es noch diverse andere Pkw-Neuaufbauten auf Basis des Typ 3 (sowie hier nicht näher abgehandelte rennsportlich eingesetzte Monoposti). Bei vielen handelte es sich um sogenannte »Kitcars«, also um Fahrzeuge, welche ein versierter Bastler mit einer eigenen Karosserie (meist GfK) versehen konnte. Wegen ihres Plattformrahmens aus Serienproduktion und und ihrer breiten Verfügbarkeit dienten in der Regel die Volkswagen-Typen 1 und 3 als Basis. Einige davon hat Jürgen Klein zusammengetragen:

Sportcoupé mit Mittelmotor

Basis VW 1600, optisch ähnlich dem Porsche 904, aufgebaut von Apal in Belgien. Die Premiere erfolgte auf dem Autosalon Brüssel, die geplante Monatsproduktion: 12 Einheiten.

Sportcoupé mit 2+2sitziger Fastback-Kunststoffaufbau

Leistungsgesteigert auf 70 PS, aufgebaut 1967 von Franco Sbarro. Das Erstexemplar ging an Rennstallbesitzer Georges Filipinetti (Genf); ein zweites Exemplar entstand mit plexiglasverschalten Doppelscheinwerfern. Die Spitze betrug 175 km/h. Beide Fahrzeuge befinden sich aktuell im Sbarro-Museum in der Schweiz.

Sportcoupé mit Kunststoffaufbau

ca. 20 Einheiten auf Basis des VW 1600, aufgebaut von Berad Hiltergerkes aus Bielefeld.

Hertz-Sportcoupé

Unikat, aufgebaut von Kurt Hertz aus Bad Dürkheim.

Sport-Cabrio

mit strömungsgünstigem Kunststoffaufbau, viersitzig, abgedeckte Scheinwerfer, als Unikat aufgebaut und Ende 1963 präsentiert von der VW-Vertretung Donnerstag in Frankfurt/Main.

Colani RS

von 1966, Kunststoff-Aufbau bei Heinkel produziert, Motor vom VW 1500.

Fiberfab Bonanza GT

Kunststoffaufbau nach US-Vorlage, aufgebaut auf auf Typ-3-Chassis mit zusätzlichem Hilfsrahmen, ca. 50 Einheiten (1967 – 1975) in Ilsfeld-Auenstein entstanden. 800 kg, Höhe 11o0 mm, 160 km/h, Preis Umbausatz 3800 DM.

Seta

Flügeltüren-Sportcoupé mit Flügeltür-Kunststoff-Aufbau auf selbstentwickeltem Rohrrahmen von Malcolm Wilson aus Großbritannien, acht bis zehn Einheiten, ca. 9000 DM, 800 kg, Länge x Höhe: 4300 x 980 mm, 160 km/h.

Sethera

Sportcoupé mit Kunststoffaufbau und Scherenschwingtüren (à la Lambo Countach), als Bausatz angeboten 1989 von SH Design aus Landskrona/Schweden, LxBxH: 4.180 x 1.780 x 1.070 mm, Radstand 2.500 mm, 40.000 Schweden-Kronen.

Strato (1972 – 1974) / Hurrycane (ab 1974)

Kunststoff-Sportcoupé-Bausatz auf Basis des VW 1600 von Gerhard Höller (Kranbath/Österreich); Stückzahl unbekannt.

Der Typ 3 im Motorsport

Rennausführungen gab es natürlich auch, die vor allem in Privatregie oder auf Betreiben der Importeure entstanden waren. Volkswagen selbst hatte in den 60ern noch kein wirkliches Interesse an einem werksgeförderten Rennsport-Engagement. Dessen ungeachtet starteten Typ-3-Teams beispielsweise im Januar 1964 bei der Rallye Monte Carlo, die sportliche Feuertaufe verabreichte ihm das finnische Team Toivonen/Jarvi 1964 in der Klasse bis 1600 ccm. Am Ende belegten die zwei teilnehmenden 1500 S die Plätze 1 und 2 – und Toivonen kam auf den 8. Platz im Gesamtklassement (gleich hinter Eugen Böhringer/ Mercedes).

Toivonen/Jarvi 1964 bei der Rallye Monte Carlo. (Foto: Sammlg. Klein)

Beim 24-Stunden-Rennen von Spa-Francorchamps in Belgien erreichten alle vier von Importeur d'Iteren eingesetzten 1500 S das Ziel innerhalb der Zeitvorgaben. Die schnellste Runde drehten Sandor/ Nokin mit einem Schnitt von 138,3 km/h.

Erfolgreich waren auch die drei VW 1500 S beim Round Australia Trial im Juni 1964 mit den Plätzen 2 (Barry Ferguson), 4 (Doug Stewart) und 14 (Ray Christie) bei 101 Startern.

Initiiert vom österreichischen Importeur fuhren dann im April 1964 zwei der neuen S-Modelle – eine Limousine und ein Variant – vier internationale Klassenrekorde auf der Hochgeschwindigkeitspiste von Nardo. Als Fahrer fungierten zwölf österreichische Motorjournalisten, als ihr Leitwolf agierte Landesmeister Hans Patleich. Die serienmäßigen Autos stammten aus der Produktion vom August 1963 und waren zunächst während der IX. Olympischen Winterspiele eingesetzt worden. Dabei wurden Bestmarken beim Viertageseinsatz (ø=125,730 km/h), bei den 15.000 km (ø=126,086 km/h), beim Fünftageseinsatz (ø= 126,1 km/h) und bei der 10.000-km-Distanz (ø= 126,39 km/h) herausgefahren. Eine abschließende Runde wurde mit einem Schnitt von 143 km/h bewältigt.

Bei der Akropolis-Rallye 1966 startete dann erstmals ein 1600 TL. Bei der Lüttich-Rom-Lüttich war gleichermaßen ein TL dabei. Und 1969 kämpften sich Gary Cambell und Gary Murphy beim Balthurst Classic

Der VW 1500 S startete seine – kurze – Rennsportkarriere bei der Monte gleich mit einem Doppelsieg in seiner Klasse und einem achten Rang im Gesamtklassement. (Sammlg. Klein)

1600 TL bei der Rallye Akropolis 1966. (Sammlg. Klein)

Schotterrallye in Skandinavien. Die Besatzung trat immerhin mit Helmen an, der Fahrer trug allerdings Hemd und Krawatte. (Privataufnahme)

Race mit einem 1600 TL hinter weit stärkeren Fahrzeugen von Holden und Datsun immerhin auf den 7. Platz.

Dazu kamen diverse Einsätze bei nationalen Rennen, beispielsweise bei der 1963er Tourenwagen-Meisterschaft in Deutschland sowie bei den damals populären Langstrecken-Rundenrennen. Auch bei den nicht minder beachteten Economy-Wettbewerben, bei denen es um niedrigste Verbräuche ging, war der Typ 3 mit Erfolg dabei (beispielsweise 1965 in Österreich mit einem Durchschnittsverbrauch von 5,92 l/100 km über 1340 km).

Auch im historischen Motorsport, sowohl beim Käfer-Cup als auch bei der historischen Rallye Monte Carlo, waren und sind Typ-3-Fahrzeuge dabei. Offensichtlich eignete sich der biedere VW auch bestens als Umbaubasis für verschärfte Einsätze bis hin zu Rennen mit Hochleistungsmotoren (beispielweise Dragster-Wettbewerbe oder Bergrennen).

Der Typ 3 im historischen Motorsport, hier 1993 in Großbritannien. (Privataufnahme)

Die wichtigsten Stationen der Modellpflege VW 1500 1961–1966

1961

September Präsentation 1500 Limousine auf der IAA, Viersitzer-Cabriolet Karosserie von Karmann wird zwar gezeigt, erscheint aber nicht. Ab Motor-Nr. 0001573 geänderter Zündverteiler.

Oktober Vergaser-Modifikationen.

November Motorraum-Abdeckplatte wärmeisoliert.

1962

Februar Fertigungsbeginn Variant.

Mai Limousine mit Stahl-Kurbeldach auf Wunsch. Getriebe-Modifikationen.

Juli Geänderte Kurbelgehäuseentlüftung.

August Motoränderungen: Größere Auslassventile, Saugrohr-Durchmesser vergrößert; Zylinder mit 14 Kühlrippen (vorher 12), Verdichtung neu 7,8 (vorher 7,2); Nockenwelle mit flacheren Nocken; Kurbelwellenlager aus Alu; Kupplungsdurchmesser 200 mm (vorher:

Neben den namensgebenden Käfern waren auch 1500er-Limousinen beim Käfer-Cup (hier 1993) dabei. (Privataufnahme)

180 mm); Bremsbacken hinten verbreitert (45 mm, vorher 40 mm) Variant: Auf Wunsch M-Ausstattung für Erhöhung der Nutzlast von 375 kg auf 460 kg: Bereifung 6,00 – 15 6 PR, Ausgleichsfeder an der Hinterachse.

September Vergaser 32 PHN-1: andere Düsen.

November Neuer Schriftzug am Heck: »VW 1500«.

Dezember Änderungen an unteren Traghebeln führten zu Vorspur- und Sturzänderung.

1963

Januar Kleinere Riemenscheibe der Kurbelwelle; kürzerer Keilriemen. Heizklappenkästen mit Asbest isoliert.

Februar Geänderte Kolben und Kolbenringe Gegen Aufpreis (DM 125,–) ist ab Werk eine benzinelektrische Eberspächer-Zusatzheizung lieferbar.

März Trag- und Führungsgelenke der Vorderachse wartungsfrei; Schmiernippel-Anzahl von acht auf vier verringert; bessere Entfrostung der Windschutzscheibe; stabilerer Handschuhkastendeckel.

April Kraftstoffzuleitung anders verlegt, Sperre gegen unbeabsichtigtes Verstellen der Vordersitzlehnen; auf Wunsch Eberspächer-Standheizung im vorderen Kofferraum (Limousine und Kombi).

Mai Vergaser-Modifikationen; Kofferraumboden mit Abschirmblechen versehen (Wärmeisolierung). Geteilte Zylindermäntel, Ölkühler- und Mantelausbau ohne Demontage möglich.

Juli Vergaser-Modifikationen.

August VW 1500 wird zum VW 1500 N: vereinfachte Ausstattung. Fensterstege lackiert (vorher: Chrom), hintere Seitenfenster nicht mehr ausstellbar. Wegfall von Stoßstangenhörnern, Parkleuchten, Türschloss rechts, Seitenarmlehne und Mittelarmlehne hinten, Türtaschen, Sonnenblende rechts, Zeituhr, stufenlose Regelung des Scheibenwischers. Verzicht auf Trittleisten am Türrahmen (für die A/N-Modelle schmalere Leisten aus Eisenblech gegenüber der breiten S/L-Version aus Aluminium), Verriegelung der Sitzlehnen vorn, Lichthupe und Drucktastengruppe, Ascher hinten links. Hinterer Gepäckraum ohne seitliche Verkleidung und Beleuchtung. Neuer Zündverteiler, größere Bremstrommeln hinten (248,1 mm statt 231,1 mm); Heizungsregulierung durch zwei Hebel zwischen den Vordersitzen. Änderungen am Gasgestänge. Preisreduzierung auf DM 5990,– (Variant DM 6390,–).

Einführung VW 1500 S: 54-PS-Zweivergaser-Motor mit Solex-Vergaser. Verchromter Handgriff auf Motorhaube vorn, neue Form der Blinkleuchten, seitliche Zierleisten, Parkleuchten tiefer und in Reihe mit den Zierleisten, Felgenzierringe, geänderte Schlussleuchten, Nummernschild-Beleuchtung teilverchromt. Für bestimmte Exportmärkte S-Maschine niedriger verdichtet (Leistung nur 52 PS). Variant S: Rechter Außenspiegel Serie.

September Vergaser-Modifikationen; Detailänderungen an Heizanlage (jetzt Schwenkhebel quer unter Handbremshebel anstelle des Drehknopfes weiter vorn auf den Mitteltunnel).

1964

April 1500 S mit elektromagnetisch betätigten Leerlauf-Abschaltdüsen; Führung der Kraftstoffleitung verändert, um Dampfblasenbildung bei höheren Temperaturen zu verhindern. Verstärkte Ventilfedern; Zug- statt Druckschalter.

August 1500 N (Einvergaser-Motor) auch mit S-Ausstattung lieferbar, Aufpreis Komplettpaket DM 310,–. Haubenarretierung verstärkt. Einlass-Ventilspiel vergrößert, Signalhorn an Stoßstange nicht mehr innerhalb der Karosserie. Neue Lagerung der Kipphebelachsen. Leergewicht neu 910 kg, zul. Gesamtgewicht 1310 kg. Lagerung der Vorderachse-Traghebel in Kunststoffbuchsen, Verdopplung der Abschmierintervalle von 5000 auf 10.000 Kilometer. Variant: Gewichtsverhältnisse 850 bzw. 1025 kg/1400 kg.

Alle Modelle: Neues System bei der Zuteilung von Fahrgestellnummern mit neunstelligen Zahlen, die ersten beiden Stellen bezeichnen Typ und Modell, die dritte das Modelljahr. Mit jedem Jahr beginnt die Zählung neu, beginnend mit 000 001. Die letzte Fahrgestellnummer nach dem alten System für einen VW 1500 lautet 0 483 592. Nur 1500 S: Neuer Zündverteiler; neue Vergaserbestückung; Membranventil in Kraftstoff-Zuführung zu den Vergasern.

Oktober zusätzliche Wärmetauscher an den hinteren beiden Zylindern für bessere Heizwirkung.

1965

April leicht vergrößerte Radkästen (um Reifenscharren bei voll eingeschlagenen Rädern abzustellen). 1.500 Fahrzeuge versuchsweise mit aufgeklebten/aufgepressten Bremsbelägen hinten ausgestattet.

August Ablösung des VW 1500 S durch VW 1600 TL; VW 1500 N wird VW 1500 A.

1966

August Ablösung VW 1500 A durch VW 1600 A.

1965: Der 1600 TL

»Tourenlimousine«, abgekürzt TL, nannte VW den Nachfolger des 1500 S, der nach den Werksferien im Spätsommer 1965 vom Band rollte. Er war damals der einzige »Hatchback«, der in Deutschland in Großserie entstand, wobei der Rest identisch mit dem vormaligen 1500er war. Bundesdeutsche Käufer hatten nun erstmals die Gelegenheit, eine deutsche Fließheck-Limousine mit VW-Qualitäten zu erwerben. Erste Schrägheck-Erprobungsmuster hatte es übrigens bereits um 1959 gegeben.

Auf den TL entfiel zunächst 50 % des Typ-3-Gesamtvolumens, doch die Begeisterung kühlte ab: »Mit dem VW 1600 TL gibt das Volkswagenwerk einen Irrtum zu. Dieser Irrtum war die Karosserie des VW 1500«, stellte »auto motor und sport« lakonisch fest. In der Tat war aus dem unauffälligen Stufenheck-Biedermann, der schon bei seiner Erstvorstellung ein wenig altbacken gewirkt hatte, eine modische und sportlich wirkende Erscheinung geworden. Was den Volksmund nicht davon abhielt, den schickeren Typ 3 als »Traurige Lösung« zu bespötteln... Heute denkt man wohl anders darüber.

Die Zeitschrift »mot« veröffentlichte übrigens in Ausgabe 11/1968 ein verworfenes, zweifarbig lackiertes Pininfarina-Derivat mit verlängerten hinteren Seitenfenstern und Trennstegen, das offensichtlich mittlerweile privat genutzt wurde. Auch wenn es »mot« anders sah – harmonisch wirkt die Linienführung nicht wirklich. Was aber beim Serien-TL tatsächlich nicht gut gelöst war: die kleine Heckklappe (wie sie anfangs auch noch im späteren Passat verbaut worden ist, vermutlich zugunsten einer besseren Verwindungssteifigkeit der Karosserie). Der private Umbau eines Oberingenieurs aus Bad Sachsa, vorgestellt in »mot« im Mai 1967, wirkte überzeugender, ging aber leider nie in Serie.

Der 1600 TL verfügte über den Zweivergaser-Motor (nun aber mit 1,6 Liter Hubraum) hinter der Hinterachse. Schalt- und Differenzialgetriebe befinden sich vor der Achse. Oberhalb des Kurbelgehäuses sitzt der Vergaser. (Sammlg. AutoMuseum)

Messepräsentation des 1600 TL mit den leicht herumgezogenen, vom 1500 S bekannten, vorderen Blinkern. (Slg. Kuch)

Werbung für den neuen 1600 TL von 1965. Hinten passten nun 260 Liter Gepäck hinein. Der Rückscheinwerfer war serienmäßig. (Sammlg. AutoMuseum)

Die Bedienung der vorderen unteren Heizluftaustritte – bis 7/1965 über handbetätigte Schieber unten – wichen bei TL und Variant einer »Fernbedienung« über eine Klappe innen in der A-Säule, die mittels Drahtzug und Schieberknopf besagte Austritte regulierte. Anders die Stufenheck-Limousine, die ursprünglich abgelöst werden sollte, was aber aufgrund der Kritik am TL dann doch nicht passierte. Sie blieb bis zu ihrer endgültigen Produktionseinstellung bei den handbetätigten Schiebern im Fußraum. Auch andere Details im Bereich A-Säule und Türschweller (Kabelbaum, Türscharniere) wurden unterschiedlich ausgeführt, weiß Jürgen Klein.

Der zuvor erwähnte »ams«-Testbericht erklärte: »Der 1600 TL sieht aus wie ein Porsche, bei dem der Innenraum zu weit nach vorn gerutscht ist«. Die Baubeschreibung des Werkes dagegen stellte nüchtern fest: »Im Gegensatz zum bisherigen Stufenheck verläuft jetzt das Dach von der hinteren Schlosssäule ab in einer Schrägung bis etwa zu den Heckleuchten. Hier erfolgt ein Abschluss durch eine ca. 300 mm hohe, senkrechte Schürze, auf der das Kennzeichen angebracht ist. Unterhalb der großen, schrägen Heckscheibe befindet sich die nach oben schwenkbare Gepäckraumklappe. Die Veränderung des Wagenhecks hat eine Gepäckraumvergrößerung von bisher 200 Liter auf etwa 260 Liter zur Folge. Allerdings blieb es bei einer kleinen Heckklappe, die nicht am Dach angeschlagen war.« Die rundliche Fließheck-Form bot jedoch nicht nur Vorteile, zeitgenössische Tests monierten eine noch einmal erhöhte Seitenwindempfindlichkeit, eine schlechte Sicht nach hinten und, bei voller Beladung, eine ausgeprägte Hecklastigkeit.

Dennoch: Endlich fand der Typ 3 in Gestalt des »Fastback-Coupés« auch Liebhaber in den USA, wo Limousine und Variant bislang nicht so gut gelaufen waren. Der Fließheck-VW blieb bis zum Ende der Modellreihe 1973 im Programm, ohne allerdings je den ganz großen Durchbruch geschafft zu haben – und das, obwohl er mit 6690 Mark (Modelljahr 1966) die Konkurrenz um einige Hunderter unterbot. Je weiter das Jahrzehnt fortschritt, desto mehr fuhr der TL hinterher. Beim großen

Urlaubssaison 1967: Blechmassen an der Deutsch-Niederländischen Grenze, und trotz der beiden Kofferräume hat der Platz nicht ausgereicht, um das Familiengepäck unterzubringen. Dazu bedurfte eines Gepäckträgers. Die simplen Rohrgestelle gab es damals praktisch überall, auch im Versandhaus-Katalog. (Anefo)

Pininfarina-Vorschlag für eine nutzwertigere Schrägheck-Version. In der Presse wurde diese Version seinerzeit gelobt. Doch ob sie wirklich schöner ist, darüber darf diskutiert werden. (mot/Sammlg. Klein)

Die Instrumententafel des TL offenbarte keine Unterschiede zu Variant und Stufenheck. (Kittler)

1600 TL von 1969 aus dem Fundus der Autostadt. Ähnlich wie beim Variant sitzen die Luftansaugschlitze in den seitlichen Kotflügeln. (Kittler)

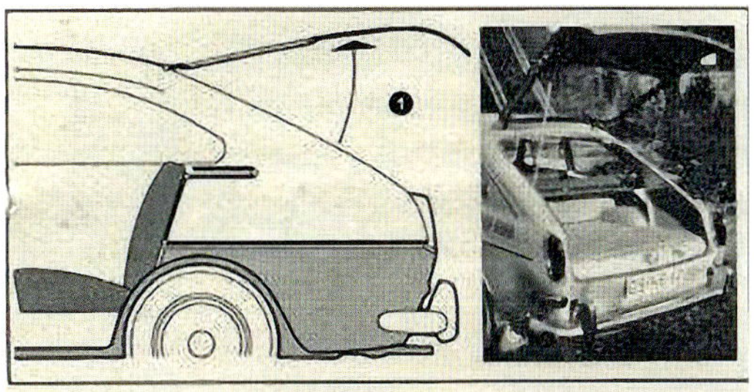

In privater Initiative entstanden ein im Dachbereich versteifter TL mit großer Heckklappe, den dann ein Fahrzeugmagazin vorstellte. Die Mehrkosten lagen, laut Erbauer, bei rund 900 Mark. (mot/Sammlg. Klein)

1600 TL vor dem Facelift von Modelljahr 1970. Der hintere Laderaum war um 60 Liter größer geworden. (Sammlg. AutoMuseum)

Mittelklasse-Vergleichstest von »ams« 1966 platzierte er sich genau in der Mitte des Testfeldes: Hinter Audi und Ford 17 M, aber vor dem Opel Rekord und dem Glas 1700. Für die Anschaffung eines TL sprachen die Fertigungsqualität, der gute Federungskomfort, der relativ kultivierte Boxer und die moderaten Unterhaltskosten, nicht zuletzt wegen der Verwendung von Normalbenzin. In Innen- und Kofferraum dagegen lag der TL »an der unteren Grenze dessen, was man als Mittelklasse ansprechen kann«.

In den Fahrleistungen hinkte er ebenfalls dem Feld hinterher, mit 145 km/h war er der Langsamste im Testfeld, 11 km/h hinter dem Glas 1700. Heiß diskutiert – davon zeugen die Leserbriefe jener Zeit – wurde die Straßenlage des Volkswagens, genauer der positive Sturz der Hinterräder. Im Normalzustand, also mit dem üblichen, ab Werk vorgegebenen negativen Sturz der zunächst bis 1968 weiter verwendeten drehstabgefederten hinteren Pendelachse, entwickelte ein hart herangenommener TL ein ziemlich abenteuerliches Fahrverhalten. Schon damals gab es Fahrzeuge mit deutlich besser beherrschbarem Grenzbereich, mit weniger Übersteuertendenz und geringerer Seitenwindempfindlichkeit. Ein Muss angesichts der nicht unproblematischen Straßenlage waren für den 1600 TL darum die später angebotenen Gürtelreifen, die für 173 Mark Aufpreis gleich im Werk aufgezogen wurden. Mit der Einführung des TL kamen zudem (endlich) Scheibenbremsen vorn zum Serieneinsatz. Damit wurden anschließend alle 1600er ausgestattet.

Übrigens konnte man die Fließheckversion ab 8/1968 auch als Einfachversion 1600 T ordern. Zuerst gab es sie mit 54 PS (auch als Einspritzer), ab 1969 wahlweise mit 54 oder 45 PS.

Mehr Hubraum, mehr Leistung

Die wichtigste technische Neuerung beim 1600 TL und bei den 1600er-Modellen Limousine und Variant bestand in der Einführung des neuen Motors mit 1584 cm³ (Bohrung x Hub: 85,5 x 69 mm, VW 1500: 83 x

Der 1600 TL war der einzige deutsche Fließheck-Wagen, der in Großserie gebaut wurde. Die Kunden reagierten zunächst begeistert. Die Fastback-Euphorie kühlte aber schnell ab. Zwar erreichte der TL einen Verkaufsanteil innerhalb der Baureihe von über 50 Prozent, doch nach diesen Anfangserfolgen stieg nach einem Jahr der Stufenheckanteil wieder deutlich an. (Sammlg. AutoMuseum)

Der 1600er-Zweivergasermotor war äußerlich nicht vom Triebwerk des 1500 S zu unterscheiden. Hier der Motor im VW 1600 L von 1973 im AutoMuseum. (Kittler)

69 mm). Aus Gewichtsgründen wurde das Kurbelgehäuse wie beim Käfer aus einer Magnesiumlegierung gefertigt, das allerdings geringere Festigkeitswerte als Aluminium hat. Aufgrund daraus entstehender Schäden rüsteten die Wolfsburger Motorenbauer auf Alu um, wurden aber nach wenigen Exemplaren werksintern zurückgepfiffen und mussten nun mit einer teuren Lösung (HeliCoil-Gewindebuchsen und Dehnschrauben zur Verspannung der Gehäusehälften) Abhilfe schaffen. Gebaut wurden die Motoren in Hannover.

Die Motorleistung war mit 54 PS gegenüber dem 1500 S gleich geblieben (zum Vergleich: Opel Rekord 1500 mit 60 PS), die Wolfsburger Techniker hatten die Verdichtung auf 7,7 : 1 zurückgenommen. Das maximale Drehmoment von 110 Nm lag aber schon bei 2000/min an, beim Vorgänger waren es 106 Nm bei 2200/min gewesen. Die Höchstleistung wurde bei 4000 Umdrehungen erreicht, der Vorgänger hatte noch 200 Touren mehr benötigt: Im Endeffekt bot der TL mehr Kraft in unteren Drehzahlregionen, genau das richtige Rezept für den immer dichter werdenden Stadtverkehr. Außerdem ging der 1600er sparsamer mit dem Sprit um als der 1500 S, der überdies Super benötigte, während sich der TL mit Normalbenzin begnügte.

Das Steuergerät saß im linken hinteren Seitenteil. (Schwab/Sammlg. Kuch)

Erstmals auch mit Einspritzung

Dem Vergasermotor folgte 1968 ein 1,6-Liter mit Saugrohreinspritzung (D-Jetronic), die der US-Markt erforderlich gemacht hatte (auch für den Käfer) und die als besonders fortschrittlich galt. Sie erwies sich allerdings als störanfällig. Zulieferer Bosch bezeichnete im Rahmen eines Rückblicks auf ein halbes Jahrhundert Jetronic, den Einsatz des neuen Systems als »mutig« und verwies auf den bereits 1958 mit einem »Electrojector«-System von Bendix ausgestatteten Chrysler 300: Dessen System war so unzuverlässig, dass sämtliche Wagen auf Vergaser zurückgerüstet werden mussten. Bendix hatte so zwar einen Vorsprung von fast neun Jahren, aber Bosch konnte von den Bendix-Fehlern lernen. Durch gegenseitige Nutzung von Patenten entwickelten beide schließlich ihre Kompetenzen in der Einspritzelektronik weiter.

Treiber waren die USA, insbesondere Kalifornien, das 1963 eines der ersten Umweltschutzgesetze weltweit, den Clean Air Act, verab-

1 Elektronisches Steuergerät
2 Einspritzventil
3 Drucksensor
4 Temperatursensor Kühlwasser
5 Thermoschalter / Thermozeitschalter
6 Elektrostartventil
7 Elektrokraftstoffpumpe
8 Kraftstofffilter
9 Kraftstoffdruckregler
10 Zusatzluftschieber
11 Drosselklappenschalter
12 Einspritzauslöser
13 Lufttemperatursensor

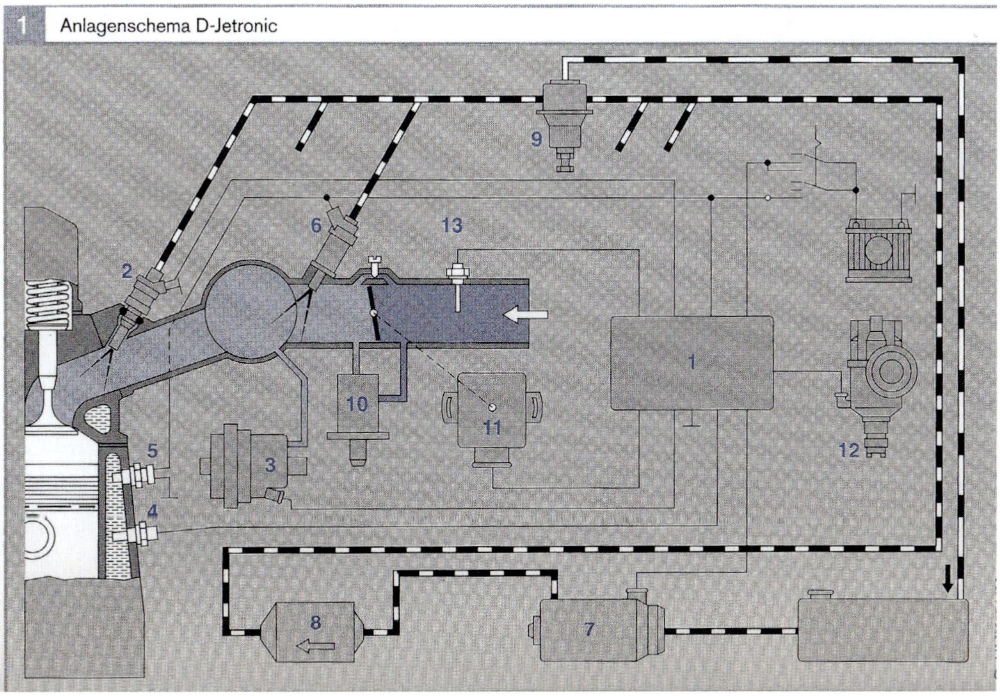

Die D-Jetronic von Bosch war eine Weltneuheit, die erstmals 1967/68 im Volkswagen 1600/1600 TL eingesetzt wurde. Leider nervte sie anfangs mit Kinderkrankheiten. (Robert Bosch AG)

schiedet hatte. Und hier kam Bosch in Spiel. Die spätere Ankündigung eines verschärften Air Quality Act für Automobile ab dem Modelljahr 1968, d.h. Verkaufsstart bereits Spätsommer 1967, verhieß nichts Gutes für so manches Modell. Der VW Typ 3 mit seinem vergrößerten Motor hätte mit herkömmlichen Vergasern die neuen Schadstoff-Abgaswerte des Clean Air Act nicht erreicht, und ihm wäre von den US-Behörden die Zulassung verweigert worden.

»Unser Kunde Volkswagen war bei der Vorstellung des Systems 1964 anfangs skeptisch, so wie eigentlich jeder Automobilhersteller, bei dem wir uns um die Einführung unserer neuartigen Einspritzung bemühten«, bekannte der frühere Bosch-Chef Hermann Scholl: »Ein gewisses Risiko mussten die Autohersteller tatsächlich eingehen«. Immerhin stand ein seriennaher Versuchsträger – ein VW 1500 – bereit. Am 14. September 1967 stellte Bosch auf der IAA die elektronisch gesteuerte »Jetronic« erstmals vor. Die Markteinführung erfolgte zunächst im Herbst 1967 in den USA.

Bis die Autoindustrie in Europa und Asien nachzog, dauerte es noch ein bisschen. Der VW 1600 war dann in Deutschland ab August 1968 mit der Jetronic erhältlich, allerdings zu einem satten Aufpreis von 580 DM, bei einem Grundpreis des Autos von etwa 6000 Mark. An die Stelle der beiden Solex-Vergaser rückte die neue Einspritzanlage mit einem links hinten im Heck und vom Kotflügel verborgenes Steuergerät, das über Transistoren und Dioden die Zusammensetzung des Kraftstoff-/Luft-Gemischs errechnete und die elektromagnetischen Einspritzventile entsprechend instruierte. Derer gab es vier – eines pro Zylinder –, je zwei davon öffneten mit jeder Rotation der Kurbelwelle.

Es verwundert nicht, dass nur wenige Kunden das Auto mit dieser Technik bestellten, auch wenn die Autotester den besseren Motorlauf lobten. Die Abgasnormen in Europa bereiteten Motoren mit der alten Vergasertechnik halt noch keine Probleme. Ein Leistungszuwachs wäre ein echtes Argument gewesen – aber er fand nicht statt, wohl aber ein messbarer Rückgang der CO-Emissionen: Der Anteil an unverbrannten Kohlenwasserstoffen im Abgas sank auf 1 % und unterbot damit auch die strengen kalifornischen Grenzwerte. Hubraum, Leistung und Drehmoment entsprachen denen des Vergasermodells. Positiver Nebeneffekt war der versprochene geringere Kraftstoffverbrauch (maximal 0,5 L/100 km weniger).

Bei Pressetests erwies sich die Einsparung als nicht ganz so hoch: »auto motor und sport« ermittelte für den Vergaser-1600er einen Durchschnitt von 12,6 Liter/100 km, der Einspritzer kam auf 12,1 Liter. Gut

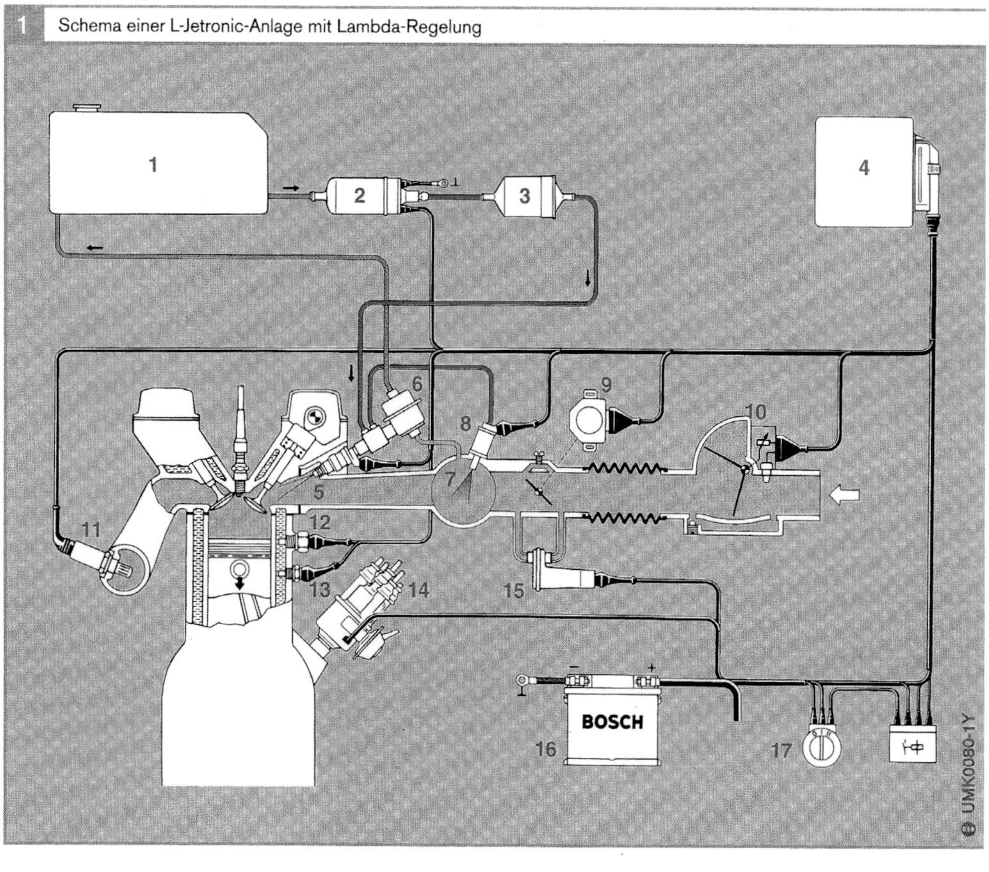

1 Kraftstoffbehälter
2 Elektrokraftstoffpumpe
3 Kraftstofffilter
4 Steuergerät
5 Einspritzventil
6 Verteilerrohr und Druckregler
7 Sammelsaugrohr
8 Kaltstartventil
9 Drosselklappenschalter
10 Luftmengenmesser
11 Lambda-Sonde
12 Thermozeitschalter
13 Motortemperatursensor
14 Zündverteiler
15 Zusatzluftschieber
16 Batterie
17 Zünd-Start-Schalter

Die elektronisch gesteuerte Bosch L-Jetronic war ein großer Schritt vorwärts. (Robert Bosch AG)

170.000 Kilometer, so hatten es die Fachmänner errechnet, musste der Einspritzer halten, damit sich der Mehrpreis amortisierte... Und die Unterschiede in den Fahrleistungen waren gering: Beschleunigung von null auf 100 km/h 18,4 s (Einspritzer) zu 18,7 s (Vergaser), 1 km mit stehendem Start 38,5 s zu 38,8 s und Höchstgeschwindigkeit 141 km/h zu 140 km/h. Zum Vergleich: In einem Test Ende 1965 war ein VW 1600 mit 145 km/h gestoppt worden.

Andere Hersteller erkannten allerdings für die Zukunft zwei wesentliche Vorteile: die Senkung des Benzinverbrauchs und die mögliche Steigerung der Motorleistung mit der Jetronic. So kam es, dass Marken wie BMW, Citroën, Jaguar, Lancia, Mercedes-Benz, Opel, Renault, Saab und Volvo in den Jahren ab 1969 einige Topmodelle mit der Bosch-Technik ausrüsteten. Manche Kunden aus der Autoindustrie waren sich noch nicht sicher, ob das System wirklich die Zukunft sei. Und auch bei Bosch gab es Verfechter mechanisch gesteuerter Einspritzsysteme.

Um diese Technik ebenfalls liefern zu können, entwickelte Bosch parallel zum elektronischen Nachfolgesystem L-Jetronic das mechanische Pendant K-Jetronic. Beide kamen 1973 auf den Markt. Typ 3, Karmann Ghia Typ 34 und Typ 4 waren zu diesem Zeitpunkt aber bereits im Auslauf befindlich oder schon eingestellt. Nur die allerletzten Typ 4 für die USA sollten noch die L-Jetronic bekommen.

1966: VW 1600 Limousine und Variant

Nach der Präsentation des VW 1600 TL anno 1965 war die Spar-Limousine als 1500 A umgetauft worden, um dann im Juli 1966 als VW 1600 fröhliche Urständ zu feiern: Wahlweise war sie mit 45 PS (A-Version mit nur einem Vergaser) oder 54 PS (L-Version mit zwei Vergasern) lieferbar. Der 45-PS-Motor mit (DM 120,– Minderpreis) wurde so gut wie gar nicht mehr verkauft, blieb aber auch als 1600 A und sogar im 1600 TL im Programm. Eigentlich unverständlich, denn dieser 1,6-Liter mit nur einem Vergaser war ein ausgesprochen phlegmatischer Geselle (und, nach Kundenaussagen, auch störanfälliger); es gab eigentlich keinen Grund, ihn dem stärkeren Zweivergaser-Motor vorzuziehen. Um die Verwirrung komplett zu machen: Kurze Zeit gab es den 1500 Variant parallel zum 1600er, für rund 500 Mark Minderpreis.

Der VW 1600 A als Basismodell mit 45-PS-Motor trug die interne Bezeichnung Typ 315 011. (Sammlg. AutoMuseum)

Der VW 1600 L hingegen figurirte in den Werksaufzeichnungen als Typ 317 121. (Sammlg. AutoMuseum)

Der neue 1,6-Liter brachte zwar nicht mehr Höchstleistung, aber – sowohl für 45 als auch für 54 PS – mehr Drehmoment. Und er begnügte sich mit Normalsprit. Eine bedeutende Neuerung waren die serienmäßig eingebauten Scheibenbremsen vorn. Die Zweikreisbremse kam nach den Werksferien 1966 zuerst für die USA, ab August 1967 kam sie allen Typ 3 zugute. Im August 1966 wurde dann endlich die Bordelektrik von sechs auf zwölf Volt umgestellt, es blieb bei einer Gleichstrom-Lichtmaschine. Dazu kamen Stahlgürtelreifen 165 SR 15 statt der zierlichen 6.00 – 15er. Die optionale Kraftstoffeinspritzung ließ sich allerdings nur in homöopathischen Dosen absetzen.

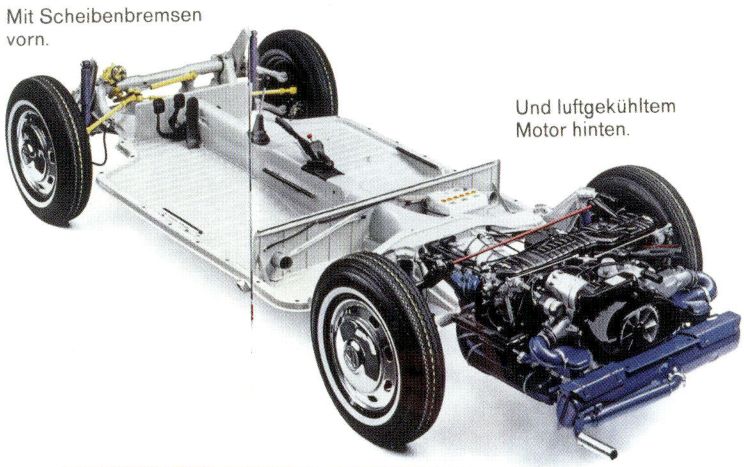

Der VW 1600 in Zweivergaser-Version erhielt 1967 eine neue Hinterachse. (Sammlg. AutoMuseum)

Ab August 1965 hatte VW in Deutschland gleichermaßen den Variant mit 1600er-Motor an angeboten. Mit DM 6980,– war dieser Wagen nur 180 Mark teurer als sein Vorgänger. Die L-Version war bestens ausgestattet, einschließlich ausgekleidetem Gepäckraum, Armlehnen und Mittelarmstütze sowie, damals ganz wichtig, Aschenbecher auch hinten. Den 1600 Variant bekam man zum Modelljahr 1967 ebenfalls wahlweise mit elektronischer Kraftstoff-Einspritzanlage.

Darüber hinaus waren alle Karosserieversionen des besser motorisierten Typ 3 ab Frühjahr 1967 auf Wunsch erstmals auch mit Dreistufen-Vollautomatik samt Drehmomentwandler und Planetengetriebe lieferbar (Preis: DM 800,-). Die neue Option – zunächst nur eine Verbeugung vor dem wichtigen US-Markt – wurde so beliebt, dass Ende des Jahrzehnts zeitweise jeder vierte neue VW mit Automatikgetriebe

Nur sehr selten verkauft wurde der Stadtlieferwagen mit dem 1600er-Motor. (Mario Steinhauser)

vom Band rollte. Zum Vergleich: Im Käfer war als Schalthilfe nur eine automatisierte Kupplungsbetätigung zu haben. Die Wandlerautomatik wurde im Werk Kassel hergestellt.

Kupplungspedal und Schalthebel entfielen, Wählhebel (mit den Positionsanzeigen P-R-N-D-2-1) und Gaspedal übernahmen die Kommandoübertragung. Eine zusätzliche Beeinflussung der Schaltung bot die Kickdown-Funktion des Gaspedals. Diese Vollautomatik kam auch dem Karmann-Ghia Typ 34 und dem späteren VW Typ 4 zugute. Die Getriebeautomatik war aber ausschließlich in Verbindung mit dem 54-PS-Motor (also nicht für den 45-PS-Motor) zu haben. Fahrzeuge mit Automatikgetriebe erhielten die Doppelgelenk-Hinterachse, die, wie beschrieben, ab 1969 allen Typ 3 zugute kam.

Der Stadtlieferwagen kam bis zum Ende seiner Laufzeit 1973 nicht in den Genuss der neuen Schräglenkerachse, ebenso wenig wie alle Variant mit erhöhter Traglast. Daneben gab es endlos Weiterentwicklungsmaßnahmen im Detail, beispielsweise die Warnblinkanlage und die verbesserte Frontscheibenentlüftung ab August 1968.

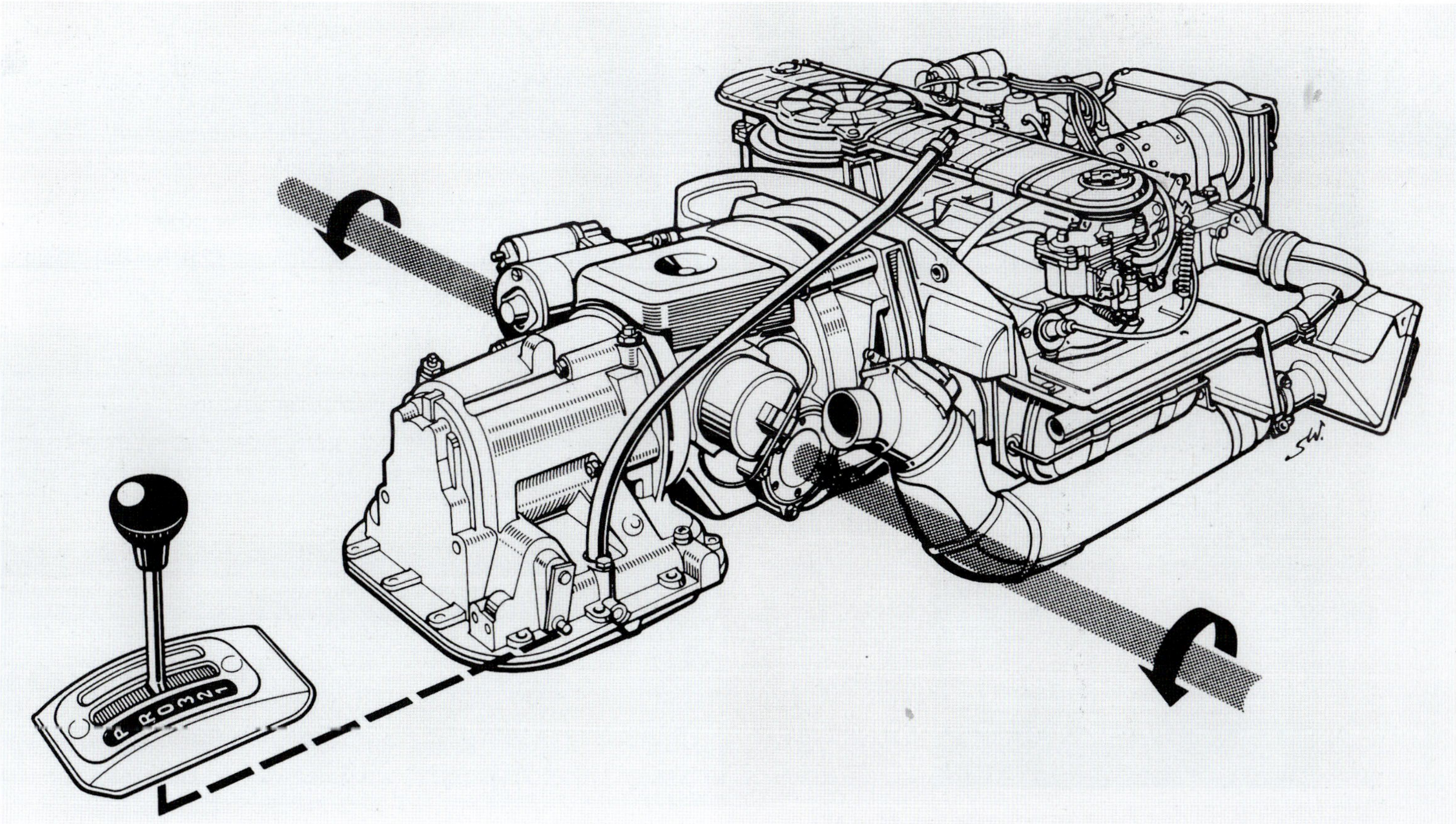

Die Vollautomatik bot Volkswagen für den Typ 3 und den Karmann Ghia Typ 34 an. (Sammlg. AutoMuseum)

1970: Der Langschnauzer

Nicht nur den US-Modellen zugute kamen die Modellpflegemaßnahmen, die Wolfsburg aufgrund der amerikanischen Sicherheitsgesetze den Typ-3-Modellen fürs Modelljahr 1970 (Serienanlauf August 1969) angedeihen ließ: Der neue 1600er war länger als der alte. Um satte 120 mm hatte man am Bug zugelegt (»Langschnauzer«), wegen der kantigeren Fronthaube an Kontur gewonnen und an Kofferraumvolumen (jetzt 230 Liter) gewonnen. Dazu kamen stärkere Stoßfänger. Ob man allerdings bewusst den Bezug zum VW 411/412 gesucht hatte, darf bezweifelt werden. Ausgesprochene Erfolgstypen waren diese nämlich nicht.

Neu (und besser sichtbar) waren auch die großen Dreikammer-Rückleuchten am Heck, wobei die Rückfahrscheinwerfer 30 Mark Aufpreis kosteten. Deutlich vergrößert und um die Ecke greifend zeigten sich nun auch die großen, eckigen Blinkleuchten vorn. Eine erhebliche Verbesserung, die besonders schusselige Fahrer begrüßten, wurde dann zum Modelljahr 1971 (also nach den Werksferien 1970) instal-

Kennzeichen der 70er-Jahre-Modelle: Längerer Bug und größere Blinkleuchten. (Sammlg. AutoMuseum)

Große Modellpflege 1970 für den VW 1600, mit Hinweis auf die verlängerten Grifftasten. Der 1970er Variant hat übrigens den allergrößten Kofferaum insgesamt, den ein Typ 3 je aufbieten konnte. Der lange Vorderwagen musste noch keinen Gebläsekasten aufnehmen, der wiederum Platz wegnahm. (Sammlg. AutoMuseum)

liert: Die Scheinwerfer leuchteten nur noch bei eingeschalteter Zündung, um so einer versehentlichen Batterieentladung vorzubeugen.

Im August 1970 hielt eine wirkungsvollere Belüftungsanlage Einzug (Zwangsentlüftung mit Schlitzen in der C-Säule), dazu ein besseres Lenkschloss und die zentrale Steckdose für Diagnose/Wartung. Ein Jahr später folgten dann das Vierspeichenlenkrad mit Pralltopf (vom Käfer). Ebenfalls ab August 1971 bekamen alle Versionen des Typ 3 die größeren Bremsen des Typ 4. Im Jahr 1972 folgten neue Türverkleidungen, Sitzbeschläge und Bodenbeläge. Die Grifftasten wurden verlängert, dazu kamen tiefere Griffmulden. Ab 1972 wurden auch in Deutschland die für den US-Markt entwickelten Sitze mit integrierten Kopfstützen (»Tombstones«) gegen Aufpreis angeboten.

Alle 1600er auf einen Blick in einem Prospekt vom Modelljahr 1971 – mit fülligerer Front, neuen Stoßfängern, Leuchten und erstmals den Luftschlitzen der Zwangsentlüftung in der C-Säule.(Sammlg. AutoMuseum)

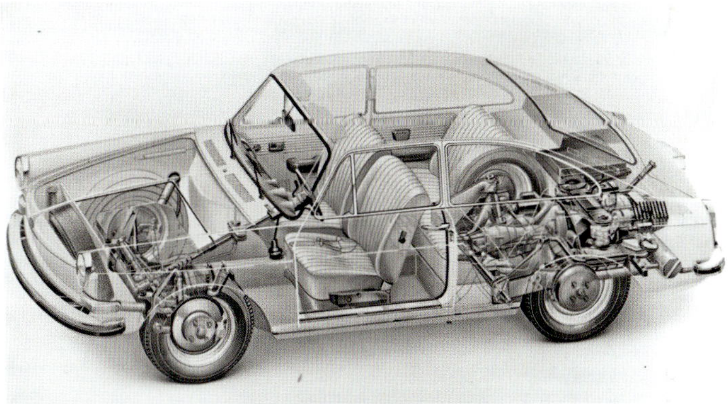

Die Technik unterm Blech der Facelift-Modelle hatte sich nicht geändert, aber vorn gab es nun mehr Laderaum. Noch zu Zeiten des Kurzschnauzers hatte eine Änderung der Hutablage (von gebogen zu stufig) ein paar Liter mehr Kofferraum im TL gebracht. Jetzt passte sogar eine (hohe) Bierkiste hinten rein. Der Facelift-TL kostete übrigens das gleiche wie die Stufenheck-Limousine. (Sammlg. AutoMuseum)

Als die Zeitschrift »mot« 1972 diesen Fototermin veranstaltete, kostete, rein rechnerisch, der Kilometer mit einem Typ 3 – inklusive Wertverlust – 34,7 Pfennige. Ein Typ 4 verursachte Kosten von 42,3 Pf und ein K70 43,5 Pf, bei einer Jahresfahrleistung von 10.000 km. (Schwab/Sammlg. Kuch)

Ab 1968 hatten alle Automatik-Modelle die Doppelgelenk-Hinterachse bekommen; ein Jahr später kam sie allen Typ 3 zugute, auch den 45-PS-Modellen. (Kittler)

VW 1600 L Automatik von 1973 im AutoMuseum. Die großen vorderen Blinkleuchten und die Dreikammer-Rückleuchten gab es ab Modelljahr 1970. (Kittler)

Rückfahrscheinwerfer, Zweistufen-Gebläse und eine modifi zierte Scheibenwaschanlage gehörten seit dem Modelljahr 1971 nun ebenso zur Serienausstattung wie das abschließbare Handschuhfach, der Tageskilometerzähler und der Make-up-Spiegel in der Beifahrer-Sonnenblende. (Schwab/Sammlg. Kuch)

Auf der Titelseite der Zeitschrift Bunte prangte Elvis, und im Innenteil ging es wahrlich bunt zu: Anzeige für den Variant, Oktober 1970.

Kennzeichen der späten Variant waren die Entlüftungsschlitze in der C-Säule, hier schön zu sehen an diesem VW 1600 L von 1971. (Kittler)

Es blieb indes beim gehabten 54-PS-Motor und der Einspritzer-Option. Auch die 45-PS-Variante (ebenfalls mit Schräglenker-Hinterachse) stand von 1970 bis 1973 weiter im Programm – sogar für den TL. Sicherheitsgurte (Becken- oder Automatikgurte) wurden ab August 1972 gegen Aufpreis offeriert, entsprechende Befestigungspunkte waren bereits vorgesehen. In den USA gab es zudem ein Gurtanlege-Warnsystem.

Stolz vermeldete VW am 18. Juni 1970 die Auslieferung des zweimillionsten Typ 3, eines pastellweißen 1600 TL. Wolfsburg verwies darauf, dass mittlerweile arbeitstäglich 1270 Einheiten vom Band liefen. Der Anteil der Stufenheck-Limousine lag Anfang der 70er bei 30 Prozent, die Fließheck-TL mit dem 27 % größeren Gepäckraum im Heck brachte es auf etwa 20 Prozent (war aber zumindest in Deutschland nicht mehr wirklich gefragt), der Rest entfiel auf den Variant.

Der recht beliebte Kombiwagen wurde bis zur Produktionseinstellung im Juli 1973 in 1.202.483 Exemplaren gebaut. Die 45-PS-Version (1600 A) des Variant kostete zum Schluss DM 8610,–, die 54-PS-Ausführung 845 Mark Aufpreis. In jedem Fall gut beraten war, wer den Variant mit dem L-Paket orderte (Gepäckräume seitlich ausgekleidet, Gummi auf den Stoßfängern, Radzierringe, Türtaschen, Mittelarmstütze, Armlehnen und Aschenbecher hinten), die 400 Mark Aufpreis waren den Komfortgewinn allemal wert.

Bis zum Schluss war der Kombi mit erhöhter Zuladung (540 statt 450 kg) zu ordern, den Aufpreis von 59 Mark sollte man sich aber besser sparen, weil damit die alte Pendelachse einher ging. Übrigens blieb der Stadtlieferwagen auch als 1600er (bei erhöhter Zuladung weiterhin mit hinterer Pendelachse) im Angebot, ob allerdings als Langschnauzer, muss offen bleiben Mittlerweile ist das Nutzfahrzeug zur absoluten Rarität gereift. Weltweit existiert wohl höchstens noch ein Dutzend davon.

Nur erprobt, aber nicht mehr in Serie gebracht, wurde die Weiterentwicklung vom Typ 1602, der Mittelklasse-Volkswagen mit der Feder-

Kompakte Familienkombis waren in den frühen Siebzigern rar, die deutschen Hersteller hatten solche jedenfalls nicht im Programm. Als Alternativen empfahlen sich praktische Fließheck-Limousinen, und auf die hatten Simca, Renault und auch Citroën beinahe ein Monopol. Fehlt eigentlich nur noch ein Peugeot, dann wäre das Feld komplett. (Schwab / Sammlg. Kuch)

bein-Vorderachse des 1302, was nebenbei auch einen größeren Buggepäckraum ergeben hätte. Mindestens ein solcher TL-Versuchsträger hat im Wolfsburger Umland überlebt: An seinem Vorderwagen wurden viele Veränderungen durchgeführt, auffällig die ziemlich hoch liegende Front. Aber klar, ein solcher 1602 wäre dem Typ 4/411 preislich recht nahe gerückt, und das musste nun doch nicht sein: Der »Nasenbär« hatte es schon schwer genug.

Also blieben die Typ-3-Modelle in der bisherigen Ausstattung bis zum Juli 1973 im Programm. Technisch auf der Höhe der Zeit waren sie nicht mehr, das Fazit eines Testberichtes vom Dezember 1969 spricht Bände: »Trotz der teilweise fortschrittlichen Technik [»auto motor und sport« hatte einen Einspritzer mit Automatik getestet] lässt sich nicht übersehen, dass die Vorzüge des VW 1600 ausschließlich in seiner Zuverlässigkeit und der beachtlichen Material- und Verarbeitungsqualität begründet sind. Es ist bedauerlich, dass die technisch

Der Taxi-Markt war zwar eine Domäne von Mercedes-Benz, doch bot auch Volkswagen ein Taxi-Paket an, wie bei diesem 1600 L Variant im typischen Farbton Hellelfeinbein (RAL 1015). Insgesamt wurden ca. 50 % aller Typ 3 (1.202.483 Einheiten) als Variant ausgeliefert. (Kittler)

Werksbesuch: Im Bildbestand des Bundesarchivs finden sich auch diese Aufnahmen aus der VW-Produktion und der Mechaniker-Schulung. Letztere wurde in den 1970er Jahren immer wichtiger.

Neben der Endmontage dokumentierte der Fotograf auch die Arbeiten der VW-Kundendienstschule, bei der mit Test- und Prüfgeräten die Funktionen der elektronisch gesteuerten Benzineinspritzung überprüft wurden. (Lothar Schaack/Bundesarchiv)

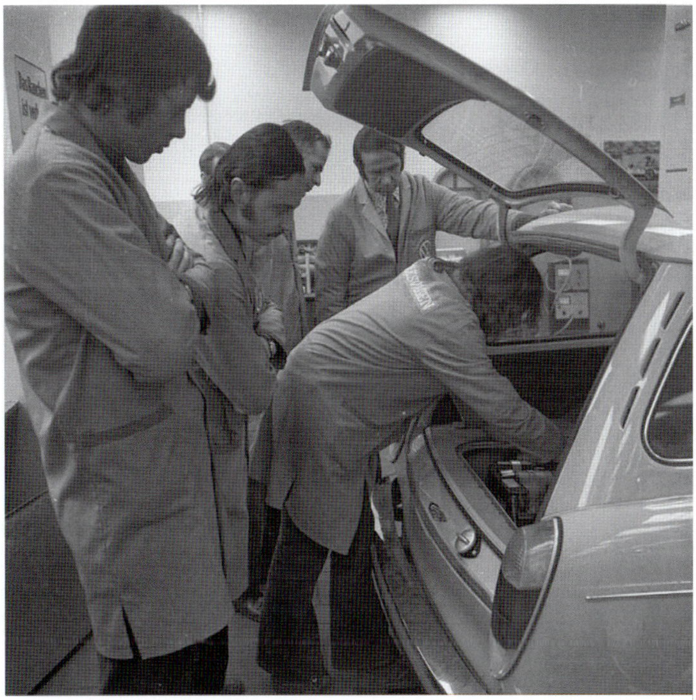

Die Aufnahmen von Lothar Schaack entstanden im Januar 1973 und zeigen die Arbeiten am 1600 Variant in Wolfsburg.

BS-4509

Auch als Behördenfahrzeug fand der 1600er Variant vereinzelt durchaus noch Verwendung - war er doch in der A-Variante relativ preisgünstig. Hier ein Einsatzfahrzeug aus Braunschweig, fotografiert 1973. Die Tannengrüne Lackierung (RAL 6009) kostete 65 D-Mark (das galt auch für die blauen und granatgrauen Farben anderer Polizeidirektionen) zusätzlich. Kamen weiße Kotflügel dazu, stieg der Aufpreis auf 85 Mark. (Polizeidirektion Braunschweig)

aufwendigen Bauteile überwiegend dazu verwendet werden, die Unzulänglichkeiten der Fahrzeugkonzeption und der Motorkonstruktion zu überdecken.«

Gewiss, der Typ 3 war zwar kaum größer und nur wenig schneller als der Käfer, und wirklich modern war er auch nicht. Und auch wenn die Kritik aus heutiger Sicht manchmal völlig überzogen scheint, zieht sich eine leise Enttäuschung wie ein roter Faden durch die Geschichte des Mittelklasse-Volkswagens. Natürlich, am Ende aller Tage, waren über 2,5 Millionen Wagen gebaut worden, andere Hersteller hätten sich bei einem solchen Ergebnis geadelt gefühlt, doch auch die größten Fans dieses Wagens mussten zugeben: Ein Großer Volkswagen, wie ursprünglich erhofft, war er nicht geworden.

Mit dem Abstand von Jahrzehnten indessen ist man geneigt, dem Passat-Vorgänger Gerechtigkeit widerfahren zu lassen. Der Typ 3, so holprig sein Start auch gewesen sein mag, hat Volkswagen auf die richtige Spur gebracht. Und außerdem war er, nachdem er seine Kinderkrankheiten überwunden hatte, nicht minder unverwüstlich wie sein Stammvater. Einen »ziemlich erfolgreichen Flop« nannte ihn »Oldtimer-Markt« in Ausgabe 7/2021, seine Fans seien »coole Typen, die für eines der uncoolsten Autos der 60er brennen«.

Das blau-weiße Coupé gehört dem Typ-3-Experten Jürgen Klein, der sein Fachwissen zu diesem Buch beisteuerte. (AutoMuseum)

Die gut organisierte Liebhabergemeinde – allen voran der Typ 3 Liebhaber e.V. – ist regelmäßig Gast im AutoMuseum in Wolfsburg. (AutoMuseum)

Mitglieder des Typ 3 Clubs, die im Oktober 2021 vor Ort waren - und mit Interesse die 1 : 4-Farbmuster-Modelle auch vom Typ 3 und 4 im Motoren-Kabinett in Augenschein nahmen. (AutoMuseum)

Die wichtigsten Stationen der Modellpflege VW 1600/1600 Tl 1966 – 1973

1965

August Ablösung des VW 1500 S durch VW 1600 TL; VW 1500 N wird VW 1500 A. Vorn Scheibenbremsen (Serie), auf Wunsch Gürtelreifen 165 SR 15 (zuvor 6.00 – 15).

1966

August Einführung VW 1600 A (Stufenheck, 45 PS) sowie 1600 L (Stufenheck, 54 PS). Außerdem lieferbar: Variant 1600. Alle Modelle: 12-Volt-Anlage, geänderter Zündverteiler, stärkere Lichtmaschine (Durchmesser 105 mm, vorher 90 mm). Zwölf statt zehn Sicherungen, neue Verkabelung. Heizungsbetätigung über Hebel jetzt neben der Handbremse (wie Käfer). Ausgleichfeder an der Hinterachse, weichere hintere Federstäbe. Oktober: Bremsscheiben aus Grauguss, vorher: Temperguss.

1967

Februar Neue Kurbelwellen mit je 2 Ölkanälen zu den Pleuellagern.

August Einführung Getriebe-Automatik in Verbindung mit Doppelgelenk-Hinterachse. Federstäbe 50 mm länger, modifizierte Stoßdämpfer. Verstärkter Wagenbug (»Knautschzone«). Zweikreis-Bremsanlage, Sicherheitslenksäule. Tankeinfüllstutzen von außen zugänglich. Befestigung für Dreipunktgurte, Bedienungsknöpfe aus nachgiebigem Kunststoff. Handbremshebel verkürzt, größere Außenspiegel an der Tür. Innenspiegel abknickbar, Türgriffe außen mit innenliegender Klinke. Drehknopf für Ausstellfenster. Variant: Heckklappe modifiziert, andere Kennzeichenleuchte. L-Ausstattung gegen Aufpreis lieferbar. US-Modelle: sequenzielle Saugrohreinspritzung L-Jetronic (Bosch), Abgas-Entgiftungsanlage (Serie).

1968

Mai Benzineinspritzung auch für deutsche Modelle lieferbar (Option).

August Doppelgelenk-Hinterachse für alle Modelle. Warnblinkanlage serienmäßig. Tankklappe jetzt ohne Fingermulde (dafür mit »Fernbedienung« von innen neben dem Handschuhkasten).

1969

Februar Vergasermodifikationen.

August Facelift: Karosserievorderteil um 120 mm verlängert, Heckpartie mit großen Leuchteneinheiten. Stoßfänger verstärkt. Automatik-Fahrzeuge für Anhängerbetrieb zugelassen. Modifikationen an Einspritzanlage, Änderungen am Vergaser.

1970

März Verbundglasscheibe nur auf Wunsch gegen Mehrpreis.

April Modifikation Getriebeautomatik.

August Zwangsentlüftung Serie. Zündabhängige Standlichtschaltung, Diagnosestecker im Motorraum, Bremsleuchte größer, Abschleppösen an Front und Heck. Behälter für Waschanlage jetzt 1,6 Liter; Scheibenwischeranlage geändert, Wischer in Ruhestellung nach rechts (vorher: links). Ölpumpe vergrößert, Kurbelgehäuse wie beim Käfer aus neuer Legierung. Luftleitbleche unter Zylinder größer, Auslassventile verchromt. Skala der Getriebeautomatik beleuchtet. Verbesserte Geräuschdämmung. L-Modelle: Ausstattungsverbesserung mit zweistufigem elektrischen Frischluftgebläse, Rückfahrscheinwerfer, Tageskilometerzähler, abschließbares Handschuhfach, Rückspiegel abblendbar. TL: Heckgepäckraum um 20 % vergrößert, Hutablage stufenförmig. 54-PS-Motor: Ölbadluftfilter verändert, doppelte Ausgleichsleitung zwischen Ansaugstutzen. Vergasermodifikationen. Einführung einer zentralen Diagnose-Steckdose für den Kundendienst.

1971

Januar Lichthupenschalter geändert.

August Modifikation an Getriebeautomatik; Scheibenbremsanlage vorn entspricht Typ 411. Verbesserte Türschlösser, Griffmulden außen vergrößert. Neues Lenkrad mit Prallplatte, Bedienung Scheibenwischer/ Wascher jetzt von Lenkrad aus; Intervallschaltung. Modifizierte Instrumente. Verchromte Auspuffblende entfällt. Variant: verstärktes Schloss der Heckklappe mit Sicherheitsraste. L/TL: 54 PS-Motor mit 7,5:1 verdichtet (vorher: 7,7).

1972

Januar Parklichtschaltung für Stand-/Schlusslicht, separate Parkleuchten entfallen.

Juni Neue, breitere Sitze mit verbesserter Verankerung.

August Geänderte Armlehnen, Getriebemodifikationen (verstärkt). Motoröl-Ablassschraube entfällt. L-Modell ohne Chromblende auf der Nummernschildbeleuchtung, Tankdeckel mit Schraubverschluss.

Oktober Sondermodelle »de Luxe«: alle Karosserieformen, nur 54 PS: Mehrausstattung mit Gürtelreihen, heizb. Heckscheibe, Radio, Metalliclack, bessere Sitzpolsterung, anderes Lenkrad. Einheitspreis DM 8850,-; Preisvorteil rund DM 700,- (Sondermodell mit orangener Innenausstattung, Radlaufzierleisten, seitlichen Zierleisten an der Flanke mit Kunststoffbesatz, Sonderlenkrad, Farben nur Anthrazit- und Türkismetallic).

1973

Juli Produktionseinstellung VW 1600.

(K. Schlesinger/Karmann-Archiv)

Kapitel 5: VW Karmann Ghia Typ 34

Amerikanische Mode, italienischer Chic und deutsche Bodenständigkeit

Ebenfalls 1961 brachte Volkswagen den »Großen Karmann«, den Typ 34 heraus. Er basierte auf dem Typ 3. Den »großen« Karmann hatte erneut das Turiner Studio Ghia unter der Leitung von Luigi Segre (1919 – 1963) entworfen. Das bereits 1958 begonnene Design stammte vom Leiter der Ghia-Designabteilung Sergio Sartorelli. Bis zur endgültigen Form wurde mit den verschiedensten Formgebungen experimentiert. Auf dem Genfer Salon im März 1959 vereinbarten Karmann und Ghia die Formgestaltung und Herstellung eines Musterexemplars; als Projektleiter fungierte laut Dieter Günther Sergio Coggiola.

Schließlich entstand ein ganz anderes, viel aggressiver geformtes Auto, das im krassen Gegensatz zum rundlichen, eher damenhaft ausgelegten Ghia 1200 stand. Formal war die neue Karosserie sehr ausgewogen, die lange Schnauze und das sanft abfallende Heck harmonierten vorzüglich, das filigrane Dach mit seinen zierlichen Streben und den großen Fensterflächen verliehen ihm einen Hauch von Eleganz und Luxus. Die steile Windschutzscheibe und die schräg gestellte Heckscheibe ließen den Wagen so ganz anders aussehen als die Coupés anderer europäischer Hersteller. Der cW-Wert des Typ 34 Coupés lag übrigens um 0,39 (und entsprach damit dem des kleinen Karmann-Ghia).

Tatsächlich hatte man nicht nur intensiv in Richtung USA geschielt. Mehr noch, für die Gestaltung der Heckpartie kam der just bei Ghia eingestellte junge US-Designer Tom Tjaarda zum Einsatz, der bis 1959 in Michigan Automobilgestaltung studiert hatte. Das US-Design, insbesondere das von Plymouth und Chevrolet mit deren neuartigen Karosserielinien, galten als außerordentlich progressiv. Es inspirierte zahlreiche Stylisten (darunter BMW, Fiat und NSU) in aller Welt. Eine betonte, umlaufende Sicke teilte die Karosserie horizontal, manche sprachen nun vom »Bügelfalten-Design«, andere von einer »radikalen Formgebung«. Und obwohl sich viele europäische und japanische Entwürfe sich am amerikanischen Vorbild orientierten, so gelang Sartorelli doch eine eigenständige Form, auch wenn die Amerikaner im Typ 34 eher einen Abklatsch des Chevrolet Corvair sahen denn eine eigenständige Konzeption (Ulf Reissberg in »Das Schnauferl«, 9-2020). Tatsächlich war der Corvair damals eine echte Design-Revolution, erwies sich aber letztlich als kommerzieller Flop.

Nach dem Genfer Salon 1959 begannen die Arbeiten an einem Coupé, das die künftige Modellfamilie der neuen »Großen Volkswagen« abrunden sollte. (K. Schlesinger/Karmann-Archiv)

Angeblich war die neue Linie ursprünglich für den kleineren Karmann-Ghia 1200 geplant gewesen. Man verzichtete aber auf dessen für 1961 vorgesehenes Facelift, weil die Verkaufszahlen des Typ-14-Modells nach wie vor gut waren. Andere Quellen mutmaßen, dass es an den nach wie vor populären »weiche Linien« – siehe der neuen Ford 17M – gelegen hätte und eine so grundlegende Hinwendung hin zu kantigeren Linien dem Verkaufserfolg eher abträglich gewesen wäre: Auf jeden Fall blieb der kleine, zierlichere Karmann praktisch unverändert noch bis 1974 im Programm. Daraufhin ließ Wilhelm Karmann (1914 – 1998) den Entwurf dem zu erwartenden Typ 3 anpassen – der clevere und schnell entscheidende Firmenboss hatte vorab von der neuen Typ-3-Familie gehört. Das erklärt zumindest, warum der Wagen praktisch zeitgleich mit der Limousine produktionsreif war.

Bemerkenswert: Diese großen Heckleuchten sah man in ähnlicher Form erst beim Typ 4. Typisch für jene Jahre, als Sicherheitserwägungen noch keine Rolle spielten, waren auch die filigranen Fenstersäulen. (K. Schlesinger/ Karmann-Archiv)

Auch die Doppelscheinwerfer fanden sich erst beim Typ 4. (K. Schlesinger/Karmann-Archiv)

Im Entwurfsstadium experimentierte man mit unterschiedlich ausgearbeiteten Frontpartien, insbesondere der Anordnung der Leuchten unterhalb der »Bügelfalten«. (K. Schlesinger/Karmann-Archiv)

Umgesetzt wurde die Version mit den weiter auseinanderliegenden Lampen, wie dies der Gesetzgeber forderte. (K. Schlesinger/Karmann-Archiv)

Schöpfer und Werk: Sergio Sartorelli im Jahr 2008 am Steuer eines Typ 34 zusammen mit dem Vorsitzenden des italienischen Karmann-Clubs. (Privataufnahme)

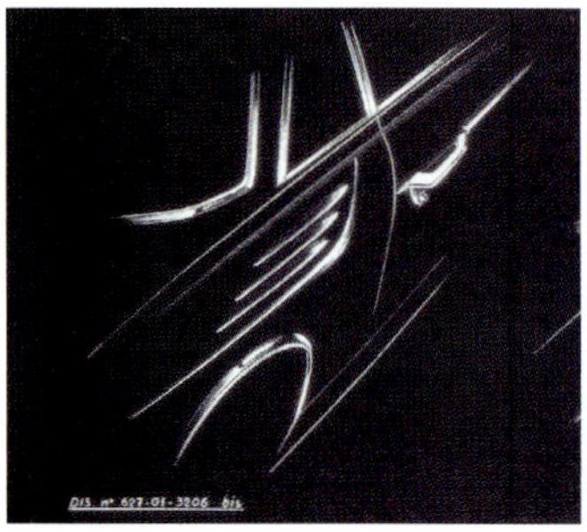

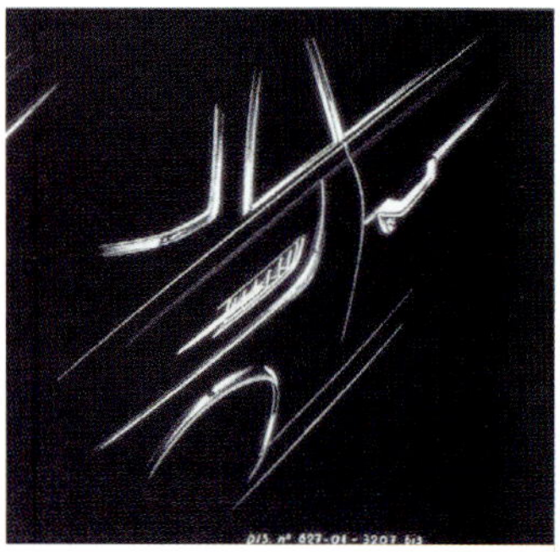

Unterschiedliche Designentwürfe für seitliche Lufteinlässe. (K. Schlesinger/Karmann-Archiv)

Prototyp des Typ 34 von 1960 auf dem Karmann-Werksgelände. (K. Schlesinger/Karmann-Archiv)

Der Prototyp

Anfang 1960 stand der erste Prototyp bereit, das Aufbauprinzip der Bodengruppe entsprach dem des Typ 3. Das Modell war 140 mm länger, aber – was man kaum denkt – 10 mm schmaler als der Kleine Karmann. Die optische »Vortäuschung« von vermeintlich mehr Breite war auf die geringere Bodenfreiheit und die größeren Spurweiten (vorn 30 mm, hinten 96 mm) zurückzuführen. Die Türen des Typ 34 waren übrigens 75 mm länger als die des Typ 14. Das Unikat hatte weder Motor/Getriebe noch Außenspiegel und war in vielen Details anders als das spätere Serienmodell realisiert. So wiesen die seitlich umlaufenden Blechsicken und die Fensterführungen komplett andere Merkmale auf. Auch das Interieur geriet noch etwas verspielter. Dieses in einer goldgelben Sonderfarbe lackierte 1 : 1-Unikat gehört zum Bestand des AutoMuseums Volkswagen.

Der funktionslose seitliche Schwung blieb auf der Strecke. Auch dafür lassen sich Anklänge im US-Design finden, in dem Fall beim Chrysler Valiant von 1960. (K. Schlesinger/Karmann-Archiv)

Interieurdetails der Karmann-Studie. (Kittler)

Die Standleuchten im Serienfahrzeug sind nachgerüstet, ebenso das elektrische Schiebedach (unten). (Kittler)

Detailunterschiede zwischen Prototyp und Serienmodell betrafen: Standlicht, Scheinwerfer, Blinkleuchten, Rückleuchten, VW-Logo sowie die Scheibenwischer, die beim Prototypen gegenläufig arbeiteten. (Kittler)

Bis zur Serieneinführung änderte sich am Prototypen nicht mehr viel, wie diese Aufnahmen beweisen: Links der Typ 34 Prototyp, rechts dagegen die Serienausführung aus dem Modelljahr 1968. Das Coupé war im Besitz des Rennfahreres Petermax Müller. (Kittler)

Gelungene Erweiterung der Typ-3-Modellreihe

Der Öffentlichkeit vorgestellt wurde das Coupé auf der IAA im September 1961, allerdings nicht auf dem Stand von Volkswagen, sondern auf dem von Karmann. Die damalige Präsentation entbehrt aus heutiger Sicht nicht einer gewissen Komik... Der Neue – dessen interner Projektname »Lyon« lautete – hieß dann schlicht Typ 34. Offiziell fungierte er als VW Karmann-Ghia 1500 (ab 1965: 1500S/1600). Er war nach Limousine, Variant und den Cabrio-Einzelstücken die vierte Typ-3-Variante, die ins Programm genommen werden sollte. Die komplette Typ-3-Familie feierte ihr Debüt auf der IAA im September 1961, hier zusammen mit dem später nicht realisierten Karmann-Ghia-Cabriolet.

Dieser Karmann Ghia Typ 34 stammt aus der Vorserie von 1961. Bei Serienbeginn waren die seitlichen Lüftungsschlitze entfallen. (K. Schlesinger/Karmann-Archiv)

VW 1500 Karmann-Ghia-Coupé und -Cabriolet

Seit jeher ist das Coupé oder das Cabriolet Ausdruck eines besonderen Lebensstils. Die individuelle Gestaltung beider Aufbauten – außerhalb der Massenfertigung – unterstreicht die persönliche Note der Besitzer. So auch bei den Karmann-Ghia-Modellen des VW 1500. Ihre formvollendeten Linien betonen den dezenten Charakter dieser Wagen, während die konstruktive Basis – Motor und Fahrwerk – in allem den übrigen VW 1500-Typen gleicht.

Wer betonte Eleganz mit den praktischen Vorzügen des festen Aufbaues verbinden will, wird das 2/2-sitzige Coupé bevorzugen. Dem mehr sportlich eingestellten Automobilisten steht dagegen das ebenfalls 2/2-sitzige Cabriolet zur Verfügung. Coupé-Ausführung auch mit Sonnendach (Stahl-Schiebedach) gegen Mehrpreis lieferbar.

Der Prospektstil mit den gezeichneten Fahrzeugen – die beiden Karmann-Ghia-Coupés im Vergleich – verrät: Hier handelt es sich um eine ganz frühe Darstellung im Stil der 50er. Deutschlands Autofirmen änderten um 1960 ihren werblichen Auftritt und stellten um von Zeichnungen auf Fotografien. (K. Schlesinger/Karmann-Archiv)

Angeboten wurden zehn verschieden Außenfarben, auf Wunsch mit Dach in Kontrastfarbe: Seeblau, Pacificblau, Terrabraun, Manilagelb, Rubinrot, Schwarz, Perlweiß, Smaragdgrün, Polarblau und Anthrazit. Reine Zweifarb-Lackierungen mit unterschiedlich eingefärbten Partien ober- und unterhalb der Gürtellinie gab es nur für Einzelstücke (beispielsweise Messe- und Ausstellungsfahrzeuge. (Sammlg. Klein)

Pressekonferenz mit seriösem Publikum …

… und Vorbereitung des Messeauftritts.

So ein Auftritt wäre heute natürlich nicht mehr denkbar. (Sammlg. Klein)

Die von Karmann produzierte Ganzstahl-Karosserie saß auf dem bekannten Zentralrohr-Plattformrahmen der Limousine. Auch der Motor stammte von der Limousine. (K. Schlesinger/Karmann-Archiv)

1962: VW Karmann-Ghia 1500

Der Produktionsanlauf in Osnabrück verspätete sich etwas auf März 1962. Offiziell hätte der 29. September 1961 Tag des Produktionsstarts sein sollen. Der Typ 34 lief stets auf einer eigenen Fertigungslinie, während der kleine Typ 14 und der Käfer zumindest gegen Ende der Produktionszeit ein gemeinsames Band nutzten. Aber genau wie beim Typ 14 wurde die enge Verwandtschaft zum entsprechenden VW-Modell (Käfer/Typ 1 bzw. Typ 3) nie geleugnet. Die Motorisierung des Typ 34 entsprach der des Typ 3 (als 1500 mit 45 bzw. 54 PS). Begonnen wurde mit dem schwächeren Einvergaser-Motor. Neben dem Vierganggetriebe war ab 1967 auch eine Dreistufen-Wandlerautomatik à la Typ 3 zu haben.

Die Produktion des Karmann-Ghia Typ 34 erfolgte auf einem eigenen Band. (K. Schlesinger/Karmann-Archiv)

Platz- und Größenverhältnisse

Der Karmann-Ghia Typ 34 war größer und mit einem Gewicht von 893 kg (900 kg beim 1600er) auch rund 80 kg schwerer als ein »kleiner« Karmann Typ 14. Während letzterer mit einer (im Vergleich zum Käfer) breiteren Bodengruppe aufwarten konnte, steckte unter dem schicken Blechkleid des Typ 34 originale Typ-3-Technik. Dank des Flachmotors ergab sich – anders als beim kleinen Karmann – hinten sogar ein überschaubares Kofferraumvolumen von 250 Litern, vorn waren es immerhin 205 Liter. VW sprach sogar von insgesamt 625 Litern, zählte aber das »Geheimfach« hinter der Rückbanklehne (90 Liter) und den Platz auf der umgelegten Rückbanklehne (210 Liter) einfach hinzu…

Die bevorzugt als Ablage genutzte Heckbank des 1500 S in einem Prospekt des Modelljahres 1965. Allein die Gepäckräume über dem Motor und über der Vorderachse boten 455 Liter Ladevolumen. (Sammlg. AutoMuseum)

Hinter der steilstehenden Rückbanklehne tat sich ein 90 Liter großes »Geheimfach« auf. (Kittler)

Beim Cabriolet wäre hier das Verdeck verstaut worden. (Kittler)

Die Platzverhältnisse bei Typ-3-Limousine und Coupé waren praktisch gleich, mit einer Schulterbreite von 126 cm war die Schulterbreite an den Vordersitzen um einen Zentimeter breiter als bei der Limousine (und zwei im Vergleich zum Karmann-Ghia 1200/Typ 14). Auch in puncto Kopffreiheit standen sich Coupé und Limousine in nichts nach. Der Ghia maß einen halben Zentimeter mehr. Dafür waren die Ghia-Sitze niedriger und um etwa zehn Zentimeter tiefer. Ab 30. Juli 1962 (ab Fahrgestellnummer 50282) wurde sogar ein elektrisch betätigtes Schiebedach von Golde angeboten, für üppige 750 Mark. Club-Spezialist Michael Mösinger bestätigte, dass zudem Stahlkurbel- oder sogar Stoffschiebedächer von Golde und Webasto als Nachrüstlösungen zu haben waren.

Fast zwangsläufig rückte so der Fahrer seinen Sitz (dieser ließ sich um 120 mm in der Länge verstellen) weit zurück und nahm die klassische »italienische« Sportfahrer-Haltung ein, also mit gestreckten Armen zum grundsätzlich zweispeichigen, schwarzen Lenkrad (das vom Käfer stammte). Typ-3-Spezialist Jürgen Klein klärt auf: »Zunächst war es mit einer Huptaste versehen, dann mit einem Halbring und schließlich wieder mit der Huptaste.« Typ-34-Kenner Jörg Fischer ergänzt: »Es handelte sich immer um Zweispeichen-Lenkräder, das Vierspeichen-Pralltopflenkrad – das im Typ 3 ab Modelljahr 1972 kam – gab es für den Großen Karmann nie.«

Die Sitzhaltung ermüdete jedoch auf Dauer, zumal dann der Schalthebel nicht mehr so gut zur Hand lag. Dafür allerdings konnte man nun, ohne sich zu verrenken, die hinteren Ausstellfenster öffnen – was die

So großzügig war die Raumaufteilung nur im Prospekt, hier vom Januar 1964. Hinten saß es sich wie auf einer unbequemen, steil stehenden Kirchenbank.

Piloten freute, die unter der völlig unzureichenden Frischbelüftung zu leiden hatten. Für eine bessere Frischluftzufuhr hatte der Typ 34 wenigstens auch vorne ausstellbare Dreieckfenster, anders als der »Kleine«. Hinten war natürlich erheblich weniger Platz, zumal die Rücksitzbank sehr steil stand.

Abgesehen davon gab es wenig auszusetzen, die Bedienungselemente lagen gut zur Hand, wobei der Karmann-Ghia Typ 34 eigenständige runde Uhren nutzte. Am zunächst noch lackierten Instrumententräger (erst 8/1967 holzfoliert, vorher auch gegen Aufpreis nicht zu bekommen) reihten sich drei große Zentralinstrumente vor dem Fahrer auf: Kraftstoffanzeiger (links) mit Kontrollleuchten für Stand- und Fernlicht, Lichtmaschine, Öldruck und Blinker, Tachometer (Mitte) und Zeituhr (rechts). Einen Drehzahlmesser gab es nie. Der Kippschalter für die (serienmäßigen) Nebelscheinwerfer lag unter dem Instrumententräger. Ein damaliger Test bemängelt übrigens, dass die Nebelscheinwerfer nur in Verbindung mit dem Abblendlicht einschaltbar waren, was damit begründet wurde, dass die Nebellampen zirka 50 mm weiter zur Fahrzeugmitte lagen als vom Gesetzgeber erlaubt.

Weiterentwicklung angestrebt

Ghia-Chef Luigi Segre, der mit Wilhelm Karmann befreundet war und ihn duzte, machte sich Ende 1962 an eine Überarbeitung der Front. Unklar, ob dies bei ihm bestellt worden war oder ob er auf eigene Faust handelte. Am 8. Januar 1963 schrieb er: »Ich schicke Dir drei Skizzen

Interieur Typ 34 Coupé, 1963, mit Hup-Halbring und mit weißem Lenkrad, ansonsten wie im Typ 3. Integrierte Kopfstützen kosteten extra. Bedienknöpfe, Handbremshebel und Fensterkurbeln waren weiß - sie wurden erst ab 1967 geschwärzt. (K. Schlesinger/Karmann-Archiv)

bezüglich der Abänderung der Frontpartie für den Karmann-Ghia 1500. Wir halten diese drei Entwürfe für die einzig möglichen, um den vorderen Teil einfacher und netter zu machen, wobei nur ein einziges Mittelpressteil ersetzt werden muss. Das Hauptmerkmal der Stirnseite haben wir unverändert gehalten, indem wir nur Abänderungen an der Mittelfläche und am hervorspringenden Band in der Mitte der Haube vorgesehen haben«. Nordhoff wurde gebeten, anhand dieser drei Vorschläge eine Vorentscheidung zu treffen.

Das Ganze zog sich dann noch länger hin, erst am 24. Oktober 1963 listete Beeskow im Namen der Karmann-TE auf: Veränderung am Chassis des zweitürigen Typ 341 mit zusätzlichen Kosten und Gewichten, Beschreibung Typ 351 – hier handelte es sich um eine viersitzige Nachfolgeentwicklung auf verstärktem Typ 341-Fahrgestell, zudem ging es um Kleinigkeiten wie zu ändernden Logos und Schriftlösungen. Für das Coupé sollte ein Vorschlag mit »durchgehenden Fensterrahmen« ausgearbeitet werden. In der Serie fand sich aber letztlich nichts davon wieder. Im Gegenteil: Von 1961 bis 1969 gab es kein äußerlich erkennbares Facelift – von winzigen Detailunterschieden (beispielsweise Markenlogo) abgesehen.

Wohlwollendes Echo

Einhelliges Lob von der Motorpresse rund um den Globus, das Volkswagen gefreut haben dürfte. Der »Große Karmann« sei der beste Volkswagen, den es bis dahin gegeben hatte, und derjenige, der am meisten

Interieur des 1964er Typ 34 mit Schaltgetriebe, hier mit in Wagenfarbe (schwarz) lackiertem Instrumententräger und Hupring. Erst zum Modelljahr 1968 gab es – aufpreisfrei – Holzfurnier. (Sammlg. AutoMuseum)

Bereits 1962/63 unterbreiteten Luigi Segre Änderungsvorschläge. Gut zu erkennen sind auf diesen Skizzen die enger zusammensitzenden Leuchten an der Front. Doch die Ideen wurden verworfen. (K. Schlesinger/Karmann-Archiv)

Technisch entsprach der Karmann-Ghia 1500 weitgehend dem Typ 3.

Fahrspaß bereitete. Dabei wirkte sich der tiefere Schwerpunkt positiv auf das Fahrverhalten aus (was besonders in der Seitenneigung beim Kurvenfahren auffiel), ansonsten gab es wenig Unterschiede zwischen Coupé und Typ-3-Limousine: Beide umrundeten enge Kurven leicht untersteuernd und schnelle Kehren leicht übersteuernd, wobei es der Ghia-Pilot in der Regel wohl ohnehin etwas sportlicher angehen ließ als der Familienvater in der Limousine.

Dank seiner schlankeren Silhouette reagierte der Ghia nicht so empfindlich auf Seitenwind wie der normale VW 1500 (Typ 3). Die Lenkung war leichtgängig und hinreichend präzise, sie erforderte 2,8 Umdrehungen von Anschlag zu Anschlag. Schaltung und Getriebe entpuppten sich beim Ghia als »Quelle fahrerischen Vergnügens« (»auto motor und sport«), wobei die Übersetzung der dritten Fahrstufe als besonders geglückt galt: Diese reichte bis 110 km/h und harmonierte vorzüglich mit dem sehr niedertourigen VW-Aggregat. Der Spaß nahm allerdings an der Zapfsäule rasch ein Ende, bei Vollgas auf der Autobahn (bei denen der Ghia mit einer Spitzengeschwindigkeit von über 135 km/h gemessen wurde) wurde ein Express-Zuschlag fällig, der durchaus auf 13 Liter Super auf 100 Kilometer klettern konnte.

1963: Kennzeichen S

Der 1,5-Liter-Flachmotor mit 45 PS und das Getriebe im Typ 34 stammten zunächst unverändert vom Typ 3. Das Auto lief aber immerhin 137 statt »nur« 130 km/h. im August 1963 ersetzte der 1500 S-Motor mit 54 PS den schwächeren Vorgänger – nun waren zwar 155 km/h möglich, aber nun wurde teures Superbenzin verlangt. Der bisherige 45-PS-Motor wurde parallel bis 1965 weiter angeboten. Den 1500 S erkannte man am neuen Schriftzug, anderem Felgendesign und am Lenkrad ohne Hupring.

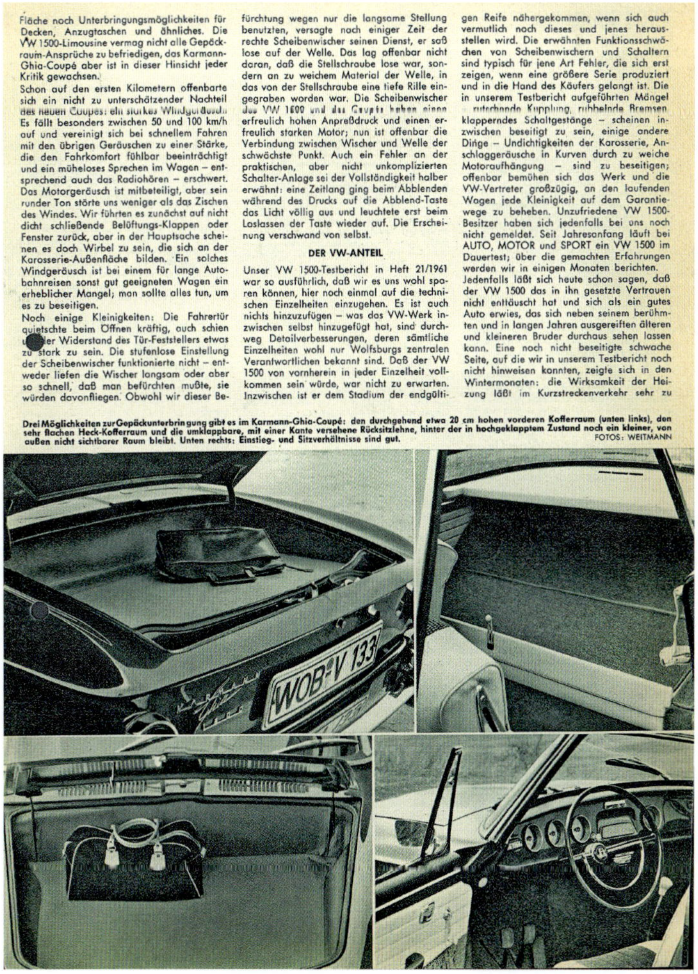

Fläche noch Unterbringungsmöglichkeiten für Decken, Anzugtaschen und ähnliches. Die VW 1500-Limousine vermag nicht alle Gepäckraum-Ansprüche zu befriedigen, das Karmann-Ghia-Coupé aber ist in dieser Hinsicht jeder Kritik gewachsen.

Schon auf den ersten Kilometern offenbarte sich ein nicht zu unterschätzender Nachteil des neuen Coupés: ein starkes Windgeräusch. Es fällt besonders zwischen 50 und 100 km/h auf und vereinigt sich bei schnellem Fahren mit den übrigen Geräuschen zu einer Stärke, die den Fahrkomfort fühlbar beeinträchtigt und ein müheloses Sprechen im Wagen – entsprechend auch das Radiohören – erschwert. Das Motorgeräusch ist mitbeteiligt, aber sein runder Ton störte uns weniger als das Zischen des Windes. Wir führten es zunächst auf nicht dicht schließende Belüftungs-Klappen oder Fenster zurück, aber in der Hauptsache scheinen es doch Wirbel zu sein, die sich an der Karosserie-Außenfläche bilden. Ein solches Windgeräusch ist bei einem für lange Autobahnreisen sonst gut geeigneten Wagen ein erheblicher Mangel; man sollte alles tun, um es zu beseitigen.

Noch einige Kleinigkeiten: Die Fahrertür quietschte beim Öffnen kräftig, auch schien u[illegible]der Widerstand des Tür-Feststellers etwas zu stark zu sein. Die stufenlose Einstellung der Scheibenwischer funktionierte nicht – entweder liefen die Wischer langsam oder aber so schnell, daß man befürchten mußte, sie würden davonfliegen. Obwohl wir dieser Befürchtung wegen nur die langsame Stellung benutzten, versagte nach einiger Zeit der rechte Scheibenwischer seinen Dienst, er saß lose auf der Welle. Das lag offenbar nicht daran, daß die Stellschraube lose war, sondern an zu weichem Material der Welle, in das von der Stellschraube eine tiefe Rille eingegraben worden war. Die Scheibenwischer des VW 1500 und des Coupés haben einen erfreulich hohen Anpreßdruck und einen erfreulich starken Motor; nun ist offenbar die Verbindung zwischen Wischer und Welle der schwächste Punkt. Auch ein Fehler an der praktischen, aber nicht unkomplizierten Schalter-Anlage sei der Vollständigkeit halber erwähnt: eine Zeitlang ging beim Abblenden während des Drucks auf die Abblend-Taste das Licht völlig aus und leuchtete erst beim Loslassen der Taste wieder auf. Die Erscheinung verschwand von selbst.

DER VW-ANTEIL

Unser VW 1500-Testbericht in Heft 21/1961 war so ausführlich, daß wir es uns wohl sparen können, hier noch einmal auf die technischen Einzelheiten einzugehen. Es ist auch nichts hinzuzufügen – was das VW-Werk inzwischen selbst hinzugefügt hat, sind durchweg Detailverbesserungen, deren sämtliche Einzelheiten wohl nur Wolfsburgs zentralen Verantwortlichen bekannt sind. Daß der VW 1500 von vornherein in jeder Einzelheit vollkommen sein würde, war nicht zu erwarten. Inzwischen ist er dem Stadium der endgültigen Reife nähergekommen, wenn sich auch vermutlich noch dieses und jenes herausstellen wird. Die erwähnten Funktionsschwächen von Scheibenwischern und Schaltern sind typisch für jene Art Fehler, die sich erst zeigen, wenn eine größere Serie produziert und in die Hand des Käufers gelangt ist. Die in unserem Testbericht aufgeführten Mängel – rutschende Kupplung, rubbelnde Bremsen, klapperndes Schaltgestänge – scheinen inzwischen beseitigt zu sein, einige andere Dinge – Undichtigkeiten der Karosserie, Anschlaggeräusche in Kurven durch zu weiche Motoraufhängung – sind zu beseitigen; offenbar bemühen sich das Werk und die VW-Vertreter großzügig, an den laufenden Wagen jede Kleinigkeit auf dem Garantiewege zu beheben. Unzufriedene VW 1500-Besitzer haben sich jedenfalls bei uns noch nicht gemeldet. Seit Jahresanfang läuft bei AUTO, MOTOR und SPORT ein VW 1500 im Dauertest; über die gemachten Erfahrungen werden wir in einigen Monaten berichten.

Jedenfalls läßt sich heute schon sagen, daß der VW 1500 das in ihn gesetzte Vertrauen nicht enttäuscht hat und sich als ein gutes Auto erwies, das sich neben seinem berühmten und in langen Jahren ausgereiften älteren und kleineren Bruder durchaus sehen lassen kann. Eine noch nicht beseitigte schwache Seite, auf die wir in unserem Testbericht noch nicht hinweisen konnten, zeigte sich in den Wintermonaten: die Wirksamkeit der Heizung läßt im Kurzstreckenverkehr sehr zu

Drei Möglichkeiten zur Gepäckunterbringung gibt es im Karmann-Ghia-Coupé: den durchgehend etwa 20 cm hohen vorderen Kofferraum (unten links), den sehr flachen Heck-Kofferraum und die umklappbare, mit einer Kante versehene Rücksitzlehne, hinter der in hochgeklapptem Zustand noch ein kleiner, von außen nicht sichtbarer Raum bleibt. Unten rechts: Einstieg- und Sitzverhältnisse sind gut. FOTOS: WEITMANN

Dennoch war auch das große Coupé Gegenstand ausführlicher Tests und erhielt gute Kritiken.

Stimmungsvolle Karmann-Werksaufnahme für den Typ 34. Noch hoffte man, den Erfolg des kleinen Karmann Ghia wiederholen zu können. (K. Schlesinger/Karmann-Archiv)

1965: VW Karmann-Ghia 1600 L

Im August 1965 ersetzte dann ein neuer 1,6-Liter-Vergasermotor mit 54 PS den 1,5-Liter, er begnügte sich aber mit Normalbenzin (ROZ 91). Passend dazu gab's nun die vorderen Scheibenbremsen, ab 8/1967 kam die Zweikreis-Bremsanlage. Gegen einen Minderpreis von 100 DM wurde überraschenderweise auch der schwächere 45-PS-Motor mit Einvergaseranlage weiterhin angeboten. Die als störanfällig verschriene D-Jetronic-Einspritzung (54 PS) aus dem Typ 3 kam dem Typ 34 nicht mehr zugute. Auch wenn oft – falsch – geschrieben wurde, dass sie im letzten Baujahr 1968/69 eingesetzt worden sei. Gut vorstellbar, dass es entsprechende Versuchsträger gab.

Ein wirkliches Facelift erfuhr der Große Karmann äußerlich aber nicht, es gab nur einige Kleinigkeiten. So hatten die Rückleuchten ab Modelljahr 1967 einen schmaleren Chromrand, so dass die Lichtscheibe auch schräg von der Seite zu sehen war. Das VW-Emblem auf der vorderen Haube wurde geändert (erst eckig, ab spätem Mj. 1962 rundes Logo), der Karmann-Ghia-Schriftzug wanderte vom Heck auf die Heckklappe (anfangs noch ein zusätzlicher Schriftzug nebst Wappen vor dem Hinterrad), und die unterschiedlichen Motorvarianten wurden zur Kenntnis gebracht.

Der Karmann-Ghia 1600 – hier des Modelljahres 1965 – bot deutlich bessere Fahrleistungen als der 45-PS-Karmann. (Sammlg. AutoMuseum)

Im Stutzen verborgen war - wie auch im Typ 3 – der Messstab für den Kraftstoff-Vorrat. (Kittler)

Zum Modelljahr 1964 werkelte der S-Motor mit 54 PS im Heck, 1965 folgte der 1600er Motor. Diese Prospektaufnahme zeigt aber einen frühen 1500er, denn das eckige Frontemblem wurde erst nach den Werksferien im August 1963 mit Einführung des S-Motors durch das runde VW-Logo ersetzt.

»Kenner identifizieren das Baujahr zudem nicht nur an der Form der Stößstangenhörner und an den Rädern und Radkappen (bei den Vierloch-Felgen zuerst vier Schlitze, dann schlitzlos, dann Zierringe, schließlich bei den Fünfloch-Felgen mit oder ohne Zierringe und silbern lackiert, dazu die verschiedenen Radkappen-Versionen«, erklärt Jürgen Klein. Die Gläser der Nummernschild-Beleuchtung gab es in drei Versionen, der Durchmesser des Auspuffrohrs nahm zu, und der Außenspiegel durchlief ebenfalls einige Entwicklungsschritte. Zeitweise gab es optional Weißwandreifen, für die 90,50 Mark hinzulegen waren.

Im Innenraum änderte sich dagegen mehr. Zuerst gab es eine Kombischalterleiste, dann einzelne Schalter, spätere andere Knöpfe. Die Griffe der Lüftung und die ein-, später zweiteilige Einfassung waren zunächst verchromt, dann in Weiß. Die Rundinstrumente waren anfangs gleich groß, zum Modelljahr 1965 wuchs der Tacho im Durchmesser. Und auch die Anordnung des Zigarrenanzünders änderte sich mehrfach. Bis dahin war der Zierkegel der Instrumente schwarz/gold, dann schwarz/sliber. Die Türpappen waren zunächst mit Stoff, dann mit Kunststoff bezogen. Verschiedene Farben trugen der Schaltknauf, der

Manche Tester glaubten anfangs, Ähnlichkeiten zu den 1962er Plymouth-Modellen oder zum Chevrolet Corvair entdecken zu können. Das spielte aberf 1968, als diese Werbeaufnahme mit dem 1600 L entstand, keine Rolle mehr: Der Typ 34 war ein Auslaufmodell. (K. Schlesinger/Karmann-Archiv)

Instrumententräger des 1500 S der Modelljahre 1964 und 1965 (links, mit Huptaste, kein Ring, Tacho nun statt bis 150 bis 160 km/h) und des 1600 L (mit größerem Tacho und Hupzierring im Halbkreisdesign. (K. Schlesinger/Karmann-Archiv)

Instrumententräger Typ 34 mit Holzfurnier und Käfer-Lenkrad mit Hupzierring im Halbkreisdesign aus dem AutoMuseum (hier. Modelljahr 1969). Es blieb bei der Reihenfolge Tankanzeige-Tacho-Zeituhr. Schön zu erkennen ist auch der ab Mj. 1965 größer gewordene Tacho. (Kittler)

Dachhimmel und die Sonnenblenden (deren Befestigung sich änderte). Was sofort ins Auge fällt, war die Änderung der Heizungsbetätigung vom anfänglichen Drehgriff zum Schieberegler (ab Modelljahr 1964).

Auch die Türentriegelung von innen her erfuhr Veränderungen: zuerst über eine Taste im Türöffner, dann mit einem Ziehknopf oben auf der Polsterleiste. Diese Leiste änderte über die Jahre ihr Profil und die Länge. Die Schließplatte in der B-Säule kam mit drei, dann mit vier

Befestigungsschrauben. Ebenfalls Veränderungen erfuhren die Fensterkurbeln, der Innenspiegel und die Gurtbefestigungpunkte. Die Sitzverriegelung änderte sich insgesamt dreimal. Ab 1966 waren die Vordersitzlehnen aus Sicherheitsgründen mit einer Sperre ausgerüstet. Und ab 1968 wurde die gesetzlich geforderte Warnblinkanlage eingebaut.

Die erst ab 8/1967 für einen Aufpreis von DM 795,- (ab 1968 nur noch DM 723,-) angebotene Dreistufen-Wandlerautomatik von ZF, wie sie auch im Typ 3 zu haben war, sollte mehr Komfort bescheren. Gekoppelt war sie mit der Doppelgelenk-Schräglenkerachse hinten, die ab August 1968 allen Typ 3 und Typ 34 zugutekam. Allerdings vermittelte die Automatik weniger Fahrspaß und sorgte andererseits für einen deutlichen Mehrverbrauch. Einer der Autoren dieses Buches hatte das Vergnügen, während der »Silvretta-Klassik«-Oldtimerrallye 1998 ein Automatik-Coupé aus der Karmann-Werkssammlung zu fahren: unvergessen allerdings der quälend langsame Antritt, die spürbaren Schaltpausen und der mangelnde Antriebsdrang in den Bergen. Offiziell gab Volkswagen sechs Sekunden zusätzliche Beschleunigungszeit zu, gefühlt waren es deutlich mehr...

Die Typ-34-Modelle plagten sich anfangs mit typischen Typ-3-Schwachpunkten der ersten Baujahre herum: Die Karosserie war nicht wasserdicht, und bei höheren Tempi entwickelten sich starke Windgeräusche. Und ein Volkwagen im wahrsten Sinne des Wortes war der Ghia ohnehin nicht mehr, war er nie gewesen. Dazu war sein Anschaffungspreis zu hoch: 8750 Mark sollte er anfangs kosten, 2400 Mark mehr als die Typ-3-Limousine und 1250 Mark mehr als der kleinere Typ 14.

Die Dreistufen-Automatik wurde in Verbindung mit dem 1600er-Doppelvergaser-Motor angeboten. (Kittler)

Die wichtigsten Stationen der Modellpflege VW Karmann-Ghia 1500 S/1600 1961–1969

1961

September Premiere auf der IAA als Coupé und Cabriolet. Technik entspricht Typ 3 Limousine.
Grundpreis DM 8750,-, Cabriolet DM 9500,-.

November Beginn Serienproduktion VW 1500 Karmann Ghia, als Coupé (zunächst 45 PS); Cabriolet wird nicht gebaut.

1962

Juli Gegen Aufpreis: elektrisch betätigtes Stahl-Schiebedach lieferbar; dafür erforderlicher Kippschalter liegt unterhalb des Zigarettenanzünders (rechts neben der Zeituhr). Auf der anderen Seite der Lenksäule befindet sich der Kippschalter für die Nebelscheinwerfer.

November verbesserte Rücklehnenverstellung, Handrad um 45 mm nach oben verlegt, zusätzliche Zugfeder. Detailmodifikationen an Tür (u.a. geändertes Drehfenster)

Dieser Typ 34 mit Wandler-Automatik aus dem Baujahr 1969 entstammt dem Osnabrücker Werksmuseum. Selbst bei maximaler Beschleunigung hat man noch sehr viel Zeit, um sich der Umgebung zu widmen. (Volkswagen Classic)

1963

Februar Abdeckung der Luftzufuhr für Motorkühlung und Verbrennungsluft durch 2 Gitter im hinteren Kofferraum, Batterieentlüftung durch je zwei Löcher in Querversteifung und vorderer Notsitzauflage.

August Karmann-Ghia 1500 Coupé nun ausschließlich mit 54-PS-S-Motor (zwei Vergaser) lieferbar. Verstärkte Reifen 6.00 S 15 L, zugelassen bis 160 km/h. Heizungsbetätigung durch Hebel zwischen Vordersitzen, Lenkrad mit Huptasten (vorher: Halbring). Sitzbezüge und untere Türverkleidung aus Kunstleder, vorher: Stoff. Neue Stahlscheibenräder ohne Durchbrüche; neues Emblem vorn (rund, vorher eckig). Lieferbeginn Version mit Rechtslenkung.

1964

August Neue Farben und Dessins im Innenraum. Scheibenwischer mit zwei Geschwindigkeiten (bzw. stufenlos). Leichtmetall-Zierringe auf den Felgen, auf Wunsch heizbare Heckscheibe. Verbesserte Innenausstattung (Make-up-Spiegel auf Beifahrerseite; Teppichboden statt Gummimatten vorn). Jetzt auch als Rechtslenker.

1965

August Neuer Motor 1,6-Liter, weiterhin 54 PS, aber Normalbenzin. Scheibenbremsen vorn. Flachere Radkappen (ab 4-Loch-Felgen-Einsatz).

1966

August 12-V- statt bisher 6-Volt-Elektrik. Sperre für die Sitzlehnen der Vordersitze; Achse der Sonnenblende verändert. Modifikationen an Sitzen. Handbremshebel (verkürzt) und Schalthebel (versetzt). Türschließmechanismus (Öffnen der Türen von innen nicht mehr durch Zugtasten, sondern mittels Zugknopf oben), Holzdekor an Schalttafel.

1967

August Sitzschienenbefestigung und Deckelschloss Fronthaube entsprechend Typ 3 Limousine. Verstärktes Scheibenwischergestänge. Optional Vollautomatik-Getriebe.

1968

August Warnblinkanlage, modifizierte Heckleuchten (schmalere Chromringe).

1969

Produktionseinstellung. Ablösung durch VW-Porsche 914.

Cabriolets, Coupés und Einzelstücke

Unter tätiger Beihilfe von Ghia entstand bei Karmann die offene Version des Typ 34. Technisch konzipiert hatte das Cabriolet der geniale Johannes Beeskow (1911 – 2005), zwischen 1956 und 1976 Leiter der Technischen Entwicklung bei Karmann. Ende 1960 wurden zwei Vorab-Designmuster bei Ghia geschaffen. Anfang 1961 gab Beeskow (der zuvor Autos für die legendäre Berliner Karosserieschmiede Rometsch entworfen hatte), intern den Auftrag, in Osnabrück jenes Cabrio für die 1961er IAA aufzubauen. Notiz von Johannes Beeskow nach einem Gespräch mit der Firmenleitung: »Lt. Besprechung am 6. Juni 1961 mit Herrn Karmann, Krämer, Zobel wird das Cabriolet für die Ausstellung mit einem Verdeck wie Typ 141 (Kleiner Karmann) mit eingenähtem Rückwandfenster gebaut.« Ähnlich einem Stahlkurbeldach wurde das Verdeck übrigens über eine zentrale Kurbel betätigt (»Zentralverschluss«).

Auch für die Cabriolet-Ausführung des »Großen Karmann« waren die Prospekte bereits gedruckt. Und wie beim Typ 3 blieb es bei einigen Prototypen.

Karmann und Volkswagen präsentierten den Wagen als Typ 341 parallel zum Coupé auf der Frankfurter Internationalen Automobil-Ausstellung (IAA) des Jahres 1961. Es war mit Sicherheit eines der schönsten Cabriolets, die jemals auf dieser Messe gezeigt wurden. Der bekannte 1,5-Liter mit 45 PS beschleunigte den fahrbereiten Prototyp auf 125 km/h. Das rund 940 kg schwere Cabriolet verfügte über 2+2 Sitzplätze (hinten eher als Ablage zu verstehen) und ein mechanisch zu betätigendes, dick gepolstertes und damit geräuschschluckendes Verdeck. Es war nicht identisch mit dem des Typ 14 und des Käfers, denn es ließ sich platzsparender zusammenfalten und verfügte über eine Glas-Heckscheibe. Das Verdeck ließ sich auch – anders als beim Typ 14 Cabrio – vollständig hinter der Rückbank versenken und mit einer textilen Persenning abdecken.

Von 1961 bis 1963 sollen 17 Einheiten gebaut worden sein, allesamt Versuchs-Exemplare. »Das Schnauferl« ging in der September-Ausgabe 2020 davon aus, dass vom Oktober bis Dezember 1962 die Nullserie lief, in deren Rahmen zehn voll funktionsfähige Cabrios sowie sechs Rohkarossen entstanden seien – macht zusammen 16 Stück. In der ein halbes Jahr später erschienen »Clubzeitschrift der VW Typ 3 Liebhaber e.V.« berichtete Horst-Dieter Valentini von nur acht Karmann-Ghia Cabrios (1961: 1, 1962: 7), die er den Unterlagen des Volkswagen

Karmann war für seine soliden Faltverdecke berühmt. Beim Käfer sorgte das für einen hoch aufragenden »Verdeckrucksack«, beim Typ 34 war eine viel elegantere Lösung gefunden worden. (K. Schlesinger/Karmann-Archiv)

Archivs entnehmen konnte. Wie viele Fahrzeuge nun exakt entstanden, dürfte sich also kaum mehr klären lassen.

Wie im Kapitel zum Typ 3 bereits geschildert, sollte ursprünglich bis zum 5. Dezember 1962 die Freigabe von Typ 341 (»Typ 34 C«) und Typ 351 (»VW 1500 Cabriolet«) erfolgen, doch zum 5. Februar 1963 gab der Vorstand von Volkswagen diese beiden Cabrio-Projekte auf. Neben zu erwartenden Vertriebsproblemen und der hauseigenen Konkurrenz – Volkswagen hätte dann drei offene Fahrzeugmodelle im Angebot gehabt – hatte es wohl ungelöste Vibrationsprobleme im Karosseriebereich gegeben: Moderne Schwingungstilger, wie sie heute verwendet werden, gab es noch nicht.

Der 2+2-Sitzer bliebt damit nur eine Vision, obwohl die Prospekte bereits gedruckt beim Vertrieb vorlagen (Zitat: »Im VW 1500 Ghia-Cabriolet durch den Sonnenschein, in frischer Luft, den Himmel über sich! – das gehört sicher zu den größten Freuden die man sich bescheren kann.«). Höchst ärgerlich für Karmann, aber kein vernichtender Schlag, denn große Stückzahl wären ohnehin nicht zu erwarten gewesen. Inoffiziell war anfangs von einem Preis von 9500 Mark ausgegangen worden, zur 1961er Präsentation dann von 10.450 Mark. Der höhere Wert – also 1700 Mark Aufpreis gegenüber dem Coupé – scheint realistischer zu sein als der ursprünglich kommunizierte Preis. Nach dem offiziellen Stopp des Projekts sollen dann elf Cabrios an verdiente Händler verkauft worden sein. Dafür aber prüfte Volkswagen 1964 das Kundeninteresse an einem sogenannten Faux-Cabrio – also einem Coupé mit schwarzer Vinylbeklebung. Es hätte DM 390,- Mehrpreis (»mot« 10/1964) kosten sollen, das Projekt zerschlug sich jedoch ebenfalls.

Karmann Typ 34 Cabrio von 1961 aus der Fahrzeugsammlung Osnabrück. (Volkswagen Classic)

Karmann baute für eigene Zwecke nachträglich im Jahr 1968 ein weiteres, silbern lackiertes Cabriolet unter Nutzung einer der sechs Rohkarossen auf, nun bereits mit 54 PS starkem 1,6-Liter und Wandler-Automatik. Zusammen mit einem frühen, in Elfenbein lackierten Exem-

Gern posierte auch der prominente Schauspieler Curd Jürgens 1961 am Luxus-VW. (Sammlg. Klein)

Die Präsentation des Typ 34 Cabrio erfolgte auf der IAA 1961. Solche internationalen Messen zählten zu den Pflichtterminen für die bundesdeutsche Politik, daher ist in Bildmitte Bundespräsident Heinrich Lübke zu sehen. (Sammlg. Klein)

Dieses nachträglich ab Werk umgebaute Karmann Ghia Typ 34 Cabrio entstand 1969 bei Karmann. Es hatte den 54-PS-Motor und die Wandler-Automatik.

plar von 1961 (Erstzulassung 3. Dezember 1962 und 89.000 km gelaufen) steht es aktuell in der Werkssammlung des ehemaligen Karmann-Werks (heute: VW Fahrzeugsammlung Osnabrück, unter den Fittichen von Volkswagen Classic).

Das Fahrzeug überlebte in der Werkssammlung Osnabrück. (Sammlg. AutoMuseum)

Wenn eines der raren Cabrios bei besonderen Gelegenheiten Ausgang erhält, dann muss er auch als Viersitzer herhalten: Wer aber hinten sitzt, hält es dort nicht lange aus. (Volkswagen Classic)

Cabrio-Aufschnitte

Einige wenige originale Cabrios (»Das Schnauferl« spricht von vier Exemplaren neben dem 1961er Exponat in der Werkssammlung) befinden sich in privater Hand ausschließlich in Deutschland. Dazu kommen schätzungsweise 20 zusätzliche Coupé-Umbauten auf Basis 1500 S und 1600 L, die meistenteils von der Firma Lorenz Karosserie und Lack in Wetter/Ruhr aufgeschnitten worden sind (Umbaupreise ca. DM 9000,-). Man erkennt die Aufschnitte an den eckigen Seitenscheiben, bei den Original-Cabrios sind Scheiben oben hinten abgerundet. Auch die Münchner Firma Hofer zeigte 1964 einen Cabrioumbau (Kap. 3), und selbst der berühmte US-Designer Virgil Exner versuchte sich am überaus gewagten Entwurf eines Karmann-Ghia 1600 Spyder – auch daraus wurde nichts. Und schließlich rüstete ein deutscher Enthusiast seinen 1600er mit einem Überrollbügel à la Targa aus, wobei sein Gefährt dann von der Zulassungsstelle in »Karmann-Hinrichs« umbenannt wurde.

Der Targa-Umbau eines privaten Enthusiasten wurde bei den Behörden als »Karmann-Hinrichs« geführt. (Sammlg. Klein)

Beim Typ-34-Welttreffen 2011 erschien fast ein Dutzend originaler und nachträglich aufgeschnittener Cabrios. (Volkswagen Classic)

Die meisten der Cabrioumbauten stammen von der Firma Lorenz, (Sammlg. Klein)

Nie gebaut: der 1600 TC

Als man in Wolfsburg dem Typ 3 neben Limousine und Variant das Fließheck TL zur Seite stellte, inspirierte dies die Osnabrücker 1968 zu einem 1600er Typ 34 mit Schrägheck. Die schräge Dachlinie mit dem Schwung im Seitenfenster (dessen Form später beim Fiat Dino Coupé wieder auftauchte), stand dem Wagen ebenso gut wie die Front mit den markanten, enger zusammengerückten Doppelscheinwerfern.

Der voll fahrbereite Osnabrücker verfügte (anders als der Typ 3 1600 TL) über eine große Heckklappe – ein Karosseriemerkmal, das Mitte der 60er Jahre seine Erfolgsgeschichte begann. Zu einer Serienfertigung kam es dennoch nie, der TC blieb ein Unikat. Er ist übrigens mit 2+2 Sitzplätzen und der Dreistufen-Automatik ausgestattet. Heute ist der TC in der Werkssammlung in Osnabrück ausgestellt – und gelegentlich bei Oldtimerausfahrten auf der Straße.

Auch andere Karosserieauslegungen des Typ 34 wurden erwogen, nicht nur von Karmann. Eine besonders spektakuläre Darstellung stammt von Alexander Gromow, dem wohl bekanntesten VW-Spezialisten in Brasilien. Sie zeigt eine zweitürige »Sportback«-Variante mit angeschrägtem Heckabteil, wie sie u.a. bei einer Messe in Sao Paulo ausgestellt war. Ob diese aus Südamerika stammende Idee mehr als ein Showcar hervorgebracht hat?

Nur der Vollständigkeit halber sei hier noch ein Unikat von Günter Artz, Schöpfer spektakulärer Umbauten auf Volkswagen- und später auf Audi- und Opel-Basis, erwähnt. Gegen Ende der Laufzeit des Typ 34 machte sich der legendäre Front-Mann des Autohauses Nordstadt in Hannover über ein großes Karmann-Coupé her und verpasste ihm den über 100 PS starken Sechszylinder-Boxer eines Chevrolet Corvairs...

Karmann Ghia 1600 TC Automatik. (Sammlg. AutoMuseum)

(Volkswagen Classic)

Kapitel 6: Große Volkswagen aus Brasilien

Einer wie keiner

Der Typ 3 war keine rein europäische Angelegenheit, auch im Ausland lief er vom Band. Natürlich erreichte er weder die Vielzahl an Produktionsorten noch die Stückzahlen des Typ 1, aber interessant waren diese Auslands-Dreier allemal. Die Typ 3, die in Südafrika zwischen 1963 und 1969 im Werk Uitenhage bei Port Elizabeth vom Band lief, entsprachen mehr oder weniger den deutschen Pendants.
Den 1500er gab es als Stufenheck wie auch als Variant, allerdings nicht in S-Ausführung. Mit dem Wechsel zur 1,6-Liter-Maschine trennten sich die Wege, zumindest ein wenig: Der TL ersetzte das Stufenheck, allerdings hatten die Südafrika-1600er weder Einspritzanlage noch Scheibenbremsen. Außerdem blieb es bis zur Ablösung durch den Typ 4 bei der alten Pendel-Hinterachse, zumindest bei den Wagen mit Schaltgetriebe.

Im australischen VW-Werk Clayton lief die Produktion zwischen 1963 und 1968, sogar in der S-Ausführung mit Doppelvergasern. 1966 war der TL dazu gekommen, die Technik war aber mit Trommelbremsen rundum, Einkreis-Bremssystem, 6-Volt-Elektrik und den Fünfloch-Felgen noch die alte. Nach 1968 wurde die australische Produktion auf CKD-Produktion umgestellt, »Completly knocked down«, komplett zerlegt: Die Teilesätze wurden aus Deutschland importiert, dann kam auch die modernere Technik. Die Unterschiede zu der deutschen Ausführung blieben stets gering, manchmal erwiesen sie sich als echte Verbesserungen. Das galt etwa für die Wagen der letzten beiden Baujahre 1973/74: Die dort eingebauten Sitze – eine Folge der neuen gesetzlichen Bestimmungen – sollen dem deutschen Gestühl klar überlegen gewesen sein. 1976 wurde das australische Werk geschlossen.

Entfernter Verwandter: Der VW 1600

Am weitesten aber entfernte sich VW do Brasil vom Ausgangsprodukt, wo ab Anfang der 70er vier verschiedene Fahrzeuge gebaut, die dem VW 412 optisch ähneln. Geleitet wurde das Werk vom früheren VW-Importchef Wilhelm Schultz-Wenk, der dann durch den ehemaligen Chef des Werkes Kassel Rudolf Leiding (1914 – 2003) ersetzt wurde. Im Dezember 1968 lief also im Werk Sao Paulo die Produktion eines Viertürers an, der auf dem EA 97 basierte. Dieser Prototypen-Entwurf – die ersten Arbeiten daran hatten 1957 begonnen – war 1965 schließlich serienreif gewesen, wurde aber dann in Deutschland nicht eingeführt: Er wäre, so Carl H. Hahn, dem Käfer zu nahe gekommen. 200 Vorserienfahrzeuge sollen entstanden sein.

Nach dem Aus für das Projekt auf der Vorstandssitzung im Mai 1965 wurden die Pläne und Maschinen der brasilianischen Tochter überlassen. Dort, so Hahn, hatte man einen Marktanteil von über 40 % und konnte sich einen solchen Typ-3- beziehungsweise Käfer-Ableger leisten. Das brasilianische Motorschiff *Paranagua*, das die Werkzeuge geladen hatte, sank allerdings in der Scheldemündung. Die Bergung zog sich ein Jahr lang hin, erst im zweiten Anlauf gelangten die notwendigen Werkzeugmaschinen dann an ihren Bestimmungsort.

Im gleichen Stil entstand auch ein Kombi. (Sammlg. AutoMuseum)

Basis für den brasilianischen VW 1600 war der verworfene EA 97: Mit dem etwas gewöhnungsbedürftigen Viertürer im Stil der frühen 1960er Jahre begann zum Ende des Jahrzehnts die Herstellung eigenständiger Autos bei VW in Brasilien. (Sammlg. AutoMuseum)

Viertüriger VW 1600 TL (1974) und VW 1600 aus Brasilien – äußerlich ein Mix aus Typ 3 und Typ 4. (Sammlg. AutoMuseum)

In Nigeria wurde zudem ab 1975 auf Basis des Brasilia der viertürige Kombi Igala gebaut und nach Südamerika exportiert. (Sammlg. AutoMuseum)

Der Brasilia (1973–1979) entstand auf der gekürzten Bodengruppe des VW 1600. Der dreitürige Kombi mit Typ-4-ähnlicher Karosserie nutzte nicht den Flachmotor, sondern einen 1,6-Liter-Käfer-Motor. Ähnlich wie der VW Karmann-Ghia Typ 14 und der VW Typ 181 wurde ein verbreitertes Käfer-Fahrgestell genutzt. Er wurde auch bei Volkswagen de México produziert). Die Idee für die Weiternutzung des luftgekühlten Motors hatte der EA 276 von 1969 geliefert, der mit dem Golf um die Käfer-Ablösung wetteiferte. (Kittler)

In Brasilien hatte Volkswagen 1950 mit einem Montagewerk klein und bescheiden angefangen. Drei Jahre später entstand eine komplette Fabrik – die sich die Wolfsburger 600 Millionen DM hatten kosten lassen. Die Kapazität lag zunächst bei 1000 Wagen im Monat. 1959 schließlich weihte der Staatspräsident höchst persönlich in Sao Bernado do Campo bei Sao Paulo das Werk ein. VW do Brasil beschäftigte 3700 Menschen und hatte 180 Stützpunkte im Land, täglich wurden 85 Transporter und Käfer gebaut. 1961 hatte VW bereits über 50 Prozent Marktanteil und war 1963 mit einem Ausstoß von 239 Volkswagen am Tag die größte Automobilfabrik in Südamerika. Und auch Karmann war mit einem eigenen Werk in Brasilien vor Ort.

Im Dezember 1968 führte Volkswagen do Brasil den 4,10 Meter langen Viertürer »1600« ein. Neben der Tatsache, dass diese Typ-3-Ableitung vier Türen besaß, prägte vor allem die eigentümliche Frontgestaltung mit den breiten, eckigen Scheinwerfern die Optik (später Doppelscheinwerfer hinter einer gemeinsamen Streuscheibe). 1970 wurde die Modellfamilie um zweitürige Fließhecks und den Variant (dieser mit der alten Pendelachse, aber vorderen Scheibenbremsen) erweitert. Wahrscheinlich waren es lediglich die Türen und die Bodengruppe, die noch dem originalen Wolfsburger entsprachen, der Rest war neu. Der Motor kombinierte die 1600er Maschine mit dem Einfach-Vergaser des 1500 N, später wurden die Zweifach-S-Vergaser verwendet. Der Tank saß zunächst im Heck, beim Wechsel zum Modelljahr 1970 – Kennzeichen Doppelscheinwerfer und VW-Markenzeichen am Frontblech – wanderte er wieder nach vorn.

1973 wurden die VW 1600 einem Facelift unterzogen. Die viertürige Stufenheck-Ausführung verschwand und wurde durch eine viertürige Fließheck-Variante ersetzt. Gleichzeitig kam eine neue Frontgestaltung mit zwei Doppelscheinwerfern, was den Samba-Volkswagen eine entfernte Ähnlichkeit zum seinerzeitigen Typ 4/VW 412 verlieh. Die sogenannte »Leiding-Nase« behielten die brasilianischen VW 1600 bis zur Produktionseinstellung 1981 bei. Die Produktion des 1600 TL endete zum Modelljahr 1975/76.

Die TL-Technik indes klemmte VW do Brasil unter seinen Brasilia, der für 1974 erschien und unterhalb des Variant angesiedelt war. Dieser Mini-Kombi leistete 50 PS und war die Reaktion auf die starke Konkurrenz, die VW in Gestalt des Ford Corcel (der seinerseits auf einen Renault zurückging) erwachsen war. Seine Nachfolge trat 1980 der VW Gol an.

Oberhalb des Brasilia kämpfte der Variant ums Überleben, sein Konzept war längst nicht mehr zeitgemäß. VW war dabei, seine marktbeherrschende Position zu verlieren. Ende 1977 ist daher das für Brasilien wichtigste 1600er Modell überarbeitet worden. Der Variant erschien als »Typ II«. Er wirkte wie eine Mischung aus Passat und Typ 3. Die wichtigste technische Änderung betraf die moderne McPherson-Vorderachse. Der Variant II als letzter Typ 3-Vertreter wurde im Dezember 1981 vom Band genommen.

Sportwagen für Südamerika

Den Variant bekamen deutsche Käufer nicht angeboten, ebenso wenig wie die außergewöhnlichen Coupés, die auf Typ 3-Plattform entstanden: Volkswagen offerierte gleich zwei davon, streckenweise sogar paral-

Der Karmann-Ghia TC145 wurde ab 1971 bei der brasilianischen Tochter der Osnabrücker gebaut.

Vertrieben wurde der TC 145 über das VW-Netz, kam aber offiziell nicht nach Europa. (Volkswagen Classic)

lel. Der Hintergrund dieser Begeisterung für sportlichen Formen ist leicht erklärt: In Südamerikas größter Volkswirtschaft war die Einfuhr von Sportwagen praktisch verboten. Volkswagen reagierte darauf mit dem Karmann-Ghia TC 145. Dieser Entwurf der 1959 gegründeten Auslandstochter von Europas größtem unabhängigem Karosseriewerk war 1971 erschienen. Mit seinen italienischen Linien wirkte der TC wie ein kleiner Ferrari, der Entwurf war eine Karmannn-Eigenentwicklung. Seine Produktion endete 1974 nach gut 18.000 gebauten Fahrzeugen.

Mit dem SP-1 begann die Story des schnittigen Coupés, dessen 1,6-Liter 54 PS brachte. (Privataufnahme)

Ganz anders dagegen das SP-Coupé. Dieses 900 kg schwere Sportcoupé war noch unter Leidings Ägide von den Formgestaltern von VW do Brasil gestylt worden. Der Mannschaft unter Designchef Schmiemann (Ex-DKW/Brasilien) soll es angeblich langweilig gewesen sein, und so hätten sie diesen wunderbaren, 1,16 Meter hohen Zweisitzer entwickelt. Der oberste Boss, Leiding, sei so entzückt gewesen, dass er nur die 412-Scheinwerfer angebracht wissen wollte, und dann Grünes Licht gab. Die technische Basis entsprach mit hinterer Pendelachse und Scheibenbremsen vorn der Limousine.

Auf der deutschen Industriemesse im April 1971 als Studie gezeigt (damals unter der Bezeichnung »Star«) erfolgte die Markteinführung Juni 1972 als SP-1 (mit dem 1,6-L-Flachmotor und 54 PS Leistung) sowie als SP-2 (1,7 L, 65 PS). Produziert wurde in erster Linie die auf 1678 cm³ aufgebohrte stärkere Ausführung des 160 km/h schnellen Zweisitzers. Die Fertigung erfolgte bei der Karmann do Brasil. Die geplante Tagesproduktion sollte 40 Wagen betragen, die Aufnahme des US-Exports war geplant. Doch daraus wurde nichts: Die Scheinwerfer saßen für eine US-Zulassung nicht hoch genug, und die Ölkrise führte zu einer tiefgreifenden Krise im Autoabsatz. Offiziell verließen 681 SP Brasilien, 155 davon landeten im westafrikanischen Nigeria.

Insgesamt entstanden bis 1976 exakt 11.123 Fahrzeuge, andere Quellen sprechen von nur 10.205 Wagen. So oder so: Er ist eine Rarität und der vielleicht begehrenswerteste Typ-3-Ableger überhaupt. Leiding und seine nach Brasilien entsandten Manager brachten ihre persönlichen SP-2 nach Ende der Entsendung als Umzugsgut mit nach Deutschland – kein Wunder, dass die SP-2-Dichte nirgendwo höher ist als um Wolfsburg herum…

Unabhängig von Karmann entstanden die Puma-Modelle. Die Kunststoff-Coupés der Firma Lumimari in Sao Paolo waren 1965/66 für die technische Basis des DKW AU 1000 entwickelt worden, der in Brasilien unter Lizenz produziert wurde. Nachdem DKW sich vom

Der SP-2 war eine reine Eigenschöpfung und kam offiziell nicht nach Europa. Die Coupés waren in Hinblick auf den US-Export entworfen worden, allerdings zerschlugen sich angesichts der Zulassungsvorschriften wie auch der Ölkrise diese Pläne.

In Brasilien war die Einfuhr von Sportwagen praktisch unmöglich, was die relative Angebotsvielfalt erklärt: Mit SP, Karmann TC und Puma GT standen zeitweise drei Coupés mit Typ-3-Technik im Angebot. (Auto-Museum)

Zweitakt-Dreizylinder verabschiedet hatte, wechselte Puma (so hieß die Firma in der Ave. Presidente Wilson seit 1967) auf die gleich um die Ecke gebauten VW 1600 von VW do Brasil. Die knapp vier Meter langen Kunststoff-Zweisitzer mit dem um 250 mm verkürzten VW-Unterbau namens GT 1600 gab es auch als Spider.

In kleiner Stückzahl gelangte der Puma auch nach Europa als GTE (wobei das E für Export stand). Die Exportversion war höher verdichtet und leistete rund 90 PS. Der erste GTE war im April 1970 für den nordamerikanischen Markt gezeigt worden. Die zahlreichen erforderlichen Änderungen, die notwendig gewesen wären, um eine

VW do Brasil war die einzige VW-Tochter, die Fahrgestelle an Fremdhersteller lieferte – in dem Fall an Puma. Der Kleinserienhersteller baute Anfang der 70er Jahre rund 20 Fahrzeuge im Monat, VW do Brasil über 1000 – pro Tag. Wichtigster Exportmarkt für den zierlichen, rund 730 Kilogramm schweren Zweisitzer war die Schweiz. (AutoMuseum)

Zulassung zu erreichen, verzögerten aber den Prozess. So wurde die Schweiz zum ersten und bedeutendsten Absatzmarkt für die Zweisitzer mit der Fiberglaskarosse, die, nach zeitgenössischen Testberichten, Fahrleistungen auf dem Niveau des VW-Porsche 914/4 boten.

1979 – auf dem Genfer Salon war eine überarbeitete Version vorgestellt worden – nahmen dann Pläne Gestalt an, den Puma auch in Deutschland zu bauen. Daraus wurde aber nichts, die Firma, die kurzzeitig noch auf GM-Technik umgeschwenkt war, ging 1980 in Konkurs. Rund 22.000 Puma sollen gebaut werden sein. Damit ist dieser Wagen

Die Export-Puma (»GTE«) unterschieden sich von den einheimischen Modellen durch zahlreiche Details, etwa eine vorn angeschlagene Haube, eine Frontscheibe mit unten abgerundeten Ecken, ein gewölbtes Heckfenster sowie Rückleuchten mit integrierten Rückfahrscheinwerfern. Auch eine Roadster-Variante befand sich in Produktion. (Volkswagen Classic)

(den es mit Motoren bis 2,2 Liter Hubraum gab), der mit Abstand meistgebaute VW 1600-Ableger. Ford übernahm dann zumindest den Namen für seine eigenen Produkte, bis in die Gegenwart hinein.

So gut wie unbekannt blieb der Ventura. Der Exote entstand ebenfalls auf Basis der luftgekühlten brasilianischen 1600ers. Die Herstellerfirma nannte sich »L'Automobile Company«, die 1976 erste Entwürfe präsentierte, den Nachbau eines 1931er Alfa Romeo auf VW-Plattform. Kurz danach entstand auch auf dieser Basis ein Coupé mit einer im damaligen Zeitgeschmack gehaltenen Glasfaser-Karosserie. Offiziell ging der Ventura im September 1978 in den Verkauf, 1981 sollen auch einige Fahrzeuge als Kit-Cars in die USA und Argentinien exportiert werden. Sogar Deutschland stand angeblich auf der Liste. Vom kantigen Ventura gab es zwei Versionen, den SLE und den RS, wobei letzterer den wassergekühlten 1,6-Liter-Motor des brasilianischen Passat TS aufwies. Der Ventura, inzwischen auch als Cabrio lieferbar, wurde 1984 einem Facelift unterzogen. Das Unternehmen ging 1988 in Konkurs.

In Europa fast unbekannt ist der Ventura mit Kunststoffaufbau, der auf Basis des brasilianischen VW 1600 gebaut wurde. (Kittler)

Die Karosserie bestand aus glasfaserverstärktem Kunststoff, dem bevorzugten Baumaterial der meisten Kleinserienhersteller der 1960er und 1970er Jahre.

Mit Erscheinen des Typ 4 verfügten die Volkswagenhändler nun über ein zweites Kombi-Modell im Programm. Aus heutiger Sicht völlig unverständlich, gab es bei keinem der beiden Variant ein zweites Türenpaar, noch nicht einmal gegen Aufpreis. Dieser »Sonderwunsch«, wie das damals bei Volkswagen hieß, ging nicht in Erfüllung. (Schwab/Sammlg. Kuch)

WOB - VJ 26

Kapitel 7: Neuer Anlauf: der Typ 4

Kein Blech gewordener Adonis

Der neue »VW 411« war das Vermächtnis von Heinrich Nordhoff, an den dieser hohe Erwartungen geknüpft hatte. Er sollte zum lange ersehnten »Großen Volkswagen« werden. Doch den Serienanlauf durfte der allmächtige VW-Boss nicht mehr erleben, ebenso wenig wie er dessen Scheitern miterleben musste.

Bereits weit gediehen war vorher das Projekt eines »VW 311« mit selbsttragender Karosserie in schicker Hatchback-Ausführung, allerdings weiterhin mit im Heck installierten Boxermotor. Äußerlich ähnelte er stark dem damals weiter in der Entwicklung befindlichen EA 158, stellte aber eine völlig andere Konstruktion dar. Schlussendlich trauten sich die Entscheider nicht, was die Entwicklung beendete.

Der »VW 311« von 1966 ist heute ein Exponat des AutoMuseums. (AutoMuseum)

Trotz aller Ähnlichkeiten handelte es sich um eine eigenständige Konstruktion und keinen Typ-4-Prototypen, er erhielt auch keine EA-Nummer. Auch das unterstreicht seine Einzigartigkeit. (AutoMuseum)

Der Prototyp

Wegbereiter für den Typ 4 war der von Pininfarina gestylte EA 142, von dem bis 1966 zwei Dutzend Exemplare entstanden sind. Im Gegensatz zu den anderen Prototypen überlebte nur der himmelblau lackierte EA 142-22B (also das 22. Versuchsexemplar) in der Stiftung AutoMuseum Volkswagen in Wolfsburg. Er erhielt die VW-eigene Versuchsseriennummer VR 950 und präsentiert sich erstaunlich erwachsen – sicher auch ein Verdienst der relativ niedrig wirkenden Gürtellinie. Allerdings erschien der Wagen nie als Hatchback, sondern ausschließlich als konventionell geformte Stufenheck-Limousine

Ausgestattet ist der fahrbereite Wagen mit einem 1,7-Liter-Doppelvergaser-Motor mit 68 PS und mit Viergang-Schaltgetriebe. Vermutlich ist der heute installierte Motor später nachgerüstet worden. Der Motorraum ließ sich nur von innen öffnen, über einen kleinen Schalter in der B-Säule. Obwohl es sich bereits um einen Flachmotor handelte, war der später realisierte Gepäckraum darüber noch nicht dargestellt worden.

Die äußeren Features und das Interieur entsprachen im Wesentlichem denen des späteren Serienmodells. Genau wie beim Serienexemplar gab es noch keinen rechten Außenspiegel, wobei auch die Blinkleuchten in der Serie seitlich im Kotflügel positioniert wurden. Der Instrumententräger des EA 142 war großflächiger und lackiert, im 411 war er mit lenkradnahen Schaltern versehen. Das dreispeichige Lenkrad (noch ohne Prallfläche) selbst bestand beim EA 142 noch – wie bei sportiven Autos üblich – aus Holz und verfügte über einen umlaufenden, schwarzen Hupring.

Der Gestalter des EA 142 war seinerzeit noch ein enger Vertrauter von Nordhoff: Battista Pininfarina (rechts, 1893–1968) im Gespräch mit seinem Sohn und Nachfolger Sergio (1926–2012). (Archiv mot)

Von den Pininfarina-Prototypen EA 142 blieb lediglich Exemplar 22B von 1966 erhalten. (Sammlg. Auto-Museum)

Die »Zyklop«-Scheinwerfer, Türöffner und Rückleuchten entsprachen denen der späteren Serienausführung, die vorderen Blinkleuchten noch nicht.

Das Cockpit – hier noch mit großflächigem Instrumententräger und dezentral angeordneten Bedienknöpfen und einem Holzlenkrad mit Griffmulden – wurde für die Serie etwas vereinfacht. (Fotos: Kittler)

Die vordere Haube wird über einen Zuggriff unter dem Handschuhfach entriegelt …

… die Motorhaube über einen Hebel in der B-Säule. (beim Viertürer in der C-Säule).

1968: Der 411 – mit dem Zyklop in die gehobene Mittelklasse

Der am 4. Juli 1968 auf der VW-Hauptversammlung zunächst intern vorgestellte große Typ 4 begründete die dritte Pkw-Modellbaureihe (der sogenannte Typ 2 war ja kein Pkw, sondern ein Nutzfahrzeug). Sie sollte vor allem gegen Opel und Ford in der oberen Mittelklasse antreten. Der Vorstand hatte sich aber gegen eine Stufenheck-Ausführung à la EA 142 für ein modisches Schrägheck im Stil des Typ 3 1600 TL entschieden. Mit 2,50 m Radstand (bisher bei Käfer, Bulli und Typ 3 grundsätzlich nur 2,40 m) wagte er einen großen Schritt in ein höheres Segment, von Volkswagen vollmundig »gehobene Mittelklasse« genannt. Tatsächlich war er eben nicht nur eine Ableitung bestehender Modelle – wie beim Typ 3 mit seiner Käfer-Anmutung – sondern eine Neuentwicklung, die aber an einem Manko litt: an der Beibehaltung eines Luftboxer-Heckmotors.

Die Händler-Präsentation fand in Braunschweig statt. Und die offizielle Erstvorstellung der Limousine erfolgte bei der IAA in Frankfurt im September 1968. Dass der neue Volkswagen in einer Zeit erschien, in

Die ovalen Zyklop-Leuchten (natürlich keine Halogen-Leuchten) des Prototyps waren charakteristisch für die VW Typ 4 der ersten Serie.

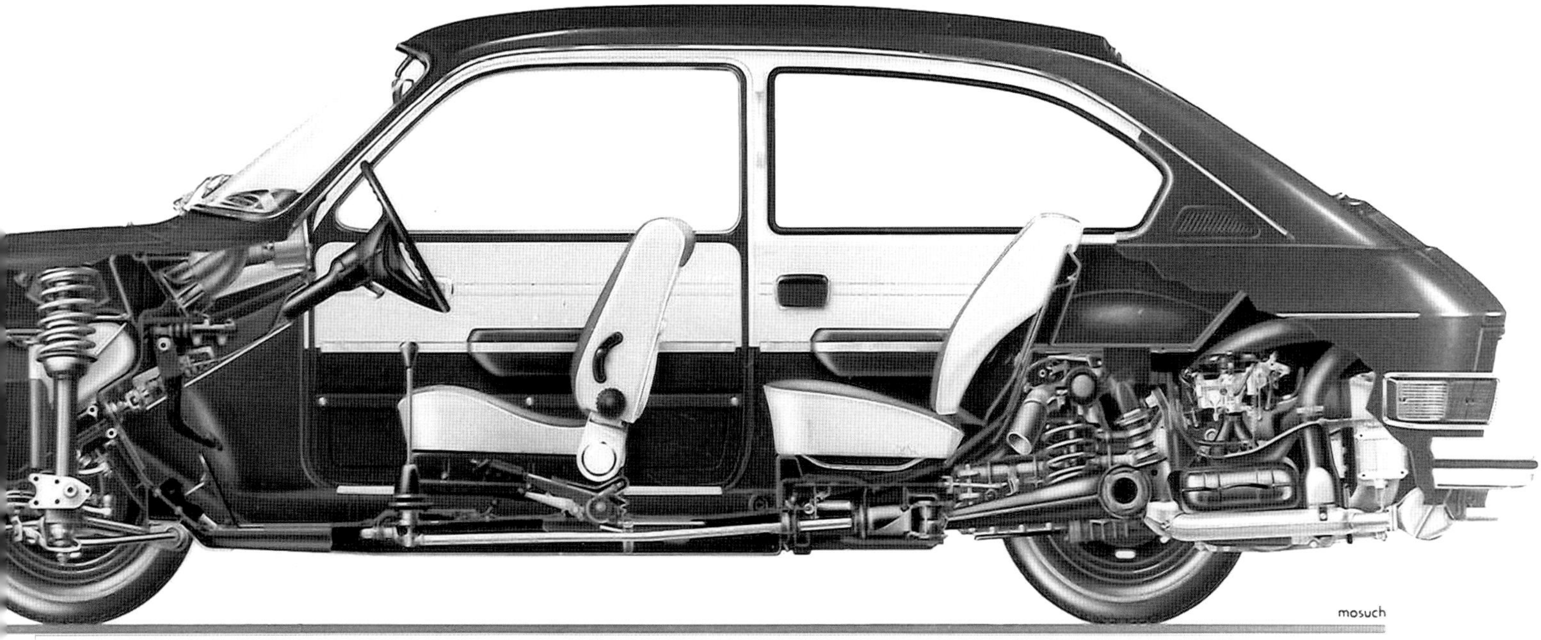

Proportionen und Überhänge des frühen VW 411. Das Plus an Radstand kam vor allem den Vornsitzenden zugute. Der Wendekreis von 11,7 m und der lange vordere Überhang erschwerten indes das Manövrieren, beispielsweise beim Einparken. (Volkswagen)

der die Wirtschaft eine Verschnaufpause einlegte, war nicht sein Fehler. Von der Auto- bis zur Baubranche, alle stöhnten 1967/68 unter der Krise. Dem vorausgegangen war die Mehrwertsteuer-Einführung und die D-Mark-Aufwertung, was zu einem Export-Rückgang führte. Zudem war der Anteil der ausländischen Autoanbieter angewachsen, waren doch 1966 einige Zollgrenzen gefallen. Der Anteil von italienischen und französischen Importwagen stieg in der Folge auf 25 Prozent (1960 war es nur jeder zehnte Neufahrzeug gewesen). Klar: Die heimische

Die Händlerpräsentation des Typ 4 erfolgte in Braunschweig Ende Juli 1968. Der zweitürige 411 wurde (und wird) auch als »Coupé« bezeichnet. (Volkswagen)

Die unbekannt gebliebene Dame ähnelt ein bisschen der Schauspielerin Uschi Glas. Sie moderierte die interne Präsentation des viertürigen 411. (Volkswagen)

Früher 411 Viertürer mit nachdenklich dreinschauender Dame im Studio, vermutlich 1968. Falls sie darüber sinniert, wo sich der Zuggriff für die Heckklappe befindet: im Türrahmen... (Volkswagen)

Immer wieder gerne zeigte die Produktpresse Szenen von der Fließband-Produktion, bei Volkswagen vielleicht noch ein wenig lieber als bei den anderen Herstellern. Trotz allen emsigen Treibens: In Sachen Produktivität hinkten die Wolfsburger der Konkurrenz hinterher. (Volkswagen)

Industrie stand unter Druck. Opel entließ 6000 Mitarbeiter, VW ordnete für 17 Tage Kurzarbeit an und fiel hinter Fiat auf Platz zwei in der Rangliste der größten europäischen Autoproduzenten zurück.

Eigentlich verfügte der Typ 4 über alle Zutaten, um eine erfolgreiche Familien-Limousine zu werden. In der Praxis war seine Optik jedoch zu unkonventionell und seine Konzeption zu wenig zeitgemäß, als dass er – im geschilderten Umfeld – ein großer Erfolg hätte werden können. Bedenken hatte es auch intern durchaus gegeben. Warum das riesige Wolfsburger Entwicklungszentrum mit seinen zirka 5000 Mitarbeitern trotz umfangreicher Markt- und Wettbewerbsanalysen dennoch keinen Plan B hervorzog, gehört zu den großen Rätseln der niedersächsischen Automobilgeschichte.

Alternativen standen tatsächlich nicht bereit, abgesehen vom verworfenen EA 158 und vom NSU K70, über dessen Neuanlauf unter dem Namen Volkswagen aber erst 1969 entschieden wurde. Vermutlich wurde das Unternehmen tatsächlich so autokratisch geführt, dass selbst entscheidungsfreudige Nachfolger wie Lotz und später Leiding das Steuer des Riesendampfers eben nicht so einfach herumreißen konnten. Die Mannschaft selbst galt traditionell als zu wenig wagemutig. Tatsächlich sollte man wohl eher von »innerer Emigration« sprechen...

Hergestellt wurde der 411 vom September 1968 bis zum Juni 1972 im Werk Wolfsburg insgesamt 241.358 Mal. Von April 1971 bis Juli 1974 lief er als 412 ausschließlich im neuen Werk Salzgitter (113.842 Einheiten) vom Band, um die Wolfsburger Kapazitäten für den neuen Passat freizubekommen. Das Werk Salzgitter war extra für den K70 gebaut worden, lief aber nur mit ungenügender Auslastung, so dass der Typ 4 dazukommen durfte. Beide liefen nun auf einem Band. Später folgte dem Typ 4 hier sein legitimer Nachfolger Passat (der zunächst auch in Wolfsburg angelaufen war). Die Auslieferung an den Handel begann am 5. Oktober 1968. Jener Oktober war übrigens – mit 4607 Fahrzeugen – der beste Typ-4-Absatz-Monat aller Zeiten!

Die Fertigung erfolgte auch 1971 noch in Wolfsburg. Nachdem Salzgitter den Betrieb aufgenommen hatte, wurde die Produktion verlagert, um die Produktionsstraßen im Stammwerk für die neue Frontmotor-Generation nutzen zu können. (Volkswagen)

VW K70 und Typ 4 (sowie Passat und Audi 80) liefen zuletzt auf einem gemeinsamen Band in Salzgitter. Die Aufnahme entstand zum Bandablauf des 200.00. K70. (Volkswagen/Sammlg. Dr. Walde)

Exterieur und Interieur

Der Neue kam zunächst für ein Jahr in der sogenannten Zyklopen-Ausführung, erkennbar an den merkwürdigen ovalen Scheinwerfern, die von den Fans »Zyklopenauge« genannt wurden. Volkswagen offerierte zunächst ausschließlich eine Schrägheckversion mit kleiner Heckklappe à la Typ 3 1600 TL. Eine Stufenheck-Ausführung unterblieb – ein Fehler? Anfang der 70er wurde dann, viel zu spät, über eine große Glas-Hecktür nachgedacht, die aber (leider) nie kam... Zeitgenössische Publikationen meinten in der Front Anklänge an den Peugeot 204 zu erkennen, während das Heck an Renault 18 und Fiat Coupé 850 erinnere.

Angeboten wurden der Große Volkswagen in Normal- und L-Ausführung, die sich äußerlich vor allem durch die verchromten Radläufe und Zierstreifen und im Innern durch die exklusiveren Stoffe unterschieden. Manche L-Details ließen sich optional auch für die Normal-

Im September 1968 eröffnete Volkswagen am Südrand der Lüneburger Heide bei Ehra-Lessien ein eigenes Prüfgelände, das im Endausbau über 100 Kilometer Versuchsstraßen mit unterschiedlichsten Belägen und Steigungen verfügte. Natürlich war auch der Typ 4 ausführlich getestet worden. (Volkswagen)

Version ordern, beispielsweise die elektrische Zeituhr – nicht aber der Chromschmuck.

Er sähe »richtig wertvoll« aus, zitierte »Der Spiegel« einen derjenigen, die bei der Händlerpräsentation in der Stadthalle in Braunschweig dabei waren (Heft 33/1968), andere sahen sogar »allen Grund, sich vor Begeisterung mit Bier volllaufen zu lassen«. Aber die die neue Karosserielinie gefiel vielen am Ende doch nicht, und „auto motor und sport" stand mit seiner Stylingkritik der Frontpartie (»übertriebene Länge ... schwunglose Linienführung ... unorganische Einbeziehung der Schweinwerfer«) nicht allein. Auch »Der Spiegel« hatte seine gute Meinung geändert und bezeichnete die Leuchten als »verkorkst«. Und selbst Nordhoff-Nachfolger Lotz räumte ein, keinen »blechernen Adonis« anzubieten.

Dennoch wurde überraschenderweise immer wieder Positives vermeldet, was die Ernsthaftigkeit vieler Testberichte ob ihrer Widersprüchlichkeit in Frage stellt: »Er ist hübsch und reichhaltig ausgestattet, bietet vier Personen bequem Platz, ist gut verarbeitet und hat bei normalen Geschwindigkeiten ein neutrales bis untersteuerndes Kurvenverhalten.« (»auto motor und sport«).

Jenseits der den Eidgenossen eigenen Nüchternheit hatte es am 15. August 1968 in der »Automobil Revue« geheißen: »Der reich ausstattfierte Riesenkäfer präsentiert sich mit neuen Fahreigenschaften.« Gelobt wurde das Bestreben von VW, »funktionell bedingte Formen mit einem Schuss Eleganz zu beleben«. Die tiefer gesetzte Gürtellinie gefiel, gleiches galt für die »bis ins Dach hinauf verlängerte Frontscheibe »mit einem bei VW noch nie gesehenen Flächenausmaß«. Gut gelungen »sind auch die schlanken Dachträger, die Form des hinteren Seitenfensters bei den viertürigen Karosserien und das leicht nach unten eingezogene Heck. Weniger zu begeistern vermag indessen der stumpfwinklige Bootsbug mit den nach der Seite schielenden Scheinwerfergehäusen und die immer noch allzu ausgeprägte Wölbung des Dachs.«

411 L Automatik Zweitürer, natürlich mit Tankklappe auf dem rechten Kotflügel. Beim Typ 3 war diese Vereinfachung des Tankvorgangs erst 1967 eingeführt worden, beim Typ 4 war es logischerweise von Anbeginn (1968) an so. (411/412 Club)

Der VW 411 war der erste Viertürer des Hauses und wurde auch entsprechend beworben.

Das Stuttgarter Fachblatt »mot« lobte dann auch ausdrücklich den bequemen Einstieg hinten. (Volkswagen)

Kennzeichen der ersten 411-Serie waren also die besagten ovalen Leuchten mit Zweifadenlampen für Fern- und Abblendlicht. Alle jene Fahrzeuge von 1968/69 verfügten noch über den 68-PS-Motor. Der im Interesse von mehr Gepäckraum vorn – immerhin 400 Liter – stark verlängerte vordere Überhang führte zum Spitznamen »Nasenbär«. Andere deuteten die Modellbezeichnung als »4 Türen, aber 11 Jahre zu spät«, nachdem alle VW-Käfer und der Typ 3 ausschließlich als Zweitürer lieferbar waren.

Früher VW 411 Viertürer, vermutlich noch ein Baujahr 1968. (Volkswagen)

Den Viertürer gab es sofort mit Einführung des Typ 4 (1968: Aufpreis 320 DM, 1974: 430 DM). Die meisten 411/412er wurden zumindest in Deutschland als Viertürer (32,7 %) geordert, während 20,9 % des Gesamtvolumens auf den Zweitürer entfiel, der von den Fans »Coupé« genannt wird. Der große Rest ging an den Variant. Die Zweitürer-Limousine wog 1020, der gefragtere Viertürer 1040 kg.

Bereits ein Jahr nach dem Debüt des Zyklopen wechselte VW auf das stärkere Einspritzer-Modell 411 E, das auch äußerlich etwas hübscher daherkam. »Schüchterne Schönheitsoperation« nannte dies »auto motor und sport«, um nach einem ersten Test nachzutreten: »E wie Enttäuschung...«

VW 411 E Viertürer mit den lichtstärkeren H1-Halogen-Doppelleuchten (Fern- und Abblendlicht) im Jahr 1971. Beim 411 E war das Markenzeichen von der Haube an die Front gewechselt, und eine Chromleiste gliederte die große Bugfläche. (Volkswagen)

Ein VW 411 LE als Viertürer 1969, allerdings noch mit Zyklopen-Scheinwerfern. Die wichen nach den Werksferien 1969 Doppelscheinwerfer in einer Zink-Druckgussblende. Dabei erfolgte auch die Umstellung auf Halogen-Scheinwerfer. (Volkswagen)

Der Neue war – nicht zuletzt dank des um 10 cm verlängerten Radstands – mit 4525 mm immerhin 300 mm länger als der Typ 3. Damit war er 25 mm länger als der damalige BMW 2000 (Neue Klasse). Mit Fug und Recht durfte er als Mittelklassewagen gelten. Die Fahrgastzelle war entsprechend den Forderungen der US-Gesetzgebung verstärkt, während Front und Heck des Wagens stoßabsorbierend ausgelegt waren.

Eine Sicherheitslenksäule (wie beim Typ 3), eine gepolsterte Lenkradnabe, ein mit Schaumstoff gepolsterter Instrumententräger (sowohl beim 411 als auch beim 412) sowie der Verzicht auf spitze, scharfe Formen im Fahrzeuginneren verbesserten die passive Sicherheit. Zunächst war der Instrumententräger mit Holzfolie belegt, anschließend (1970 bis 1972) wurde die Schalttafel schwarz lackiert. Erst beim 412 von 1972 bis 1974 kam der Holzfurnier-Look zurück. Das verhältnismäßig kleine Lenkrad mit den gepolsterten drei Speichen bot genügend Bewegungsfreiheit. Im August 1972 kam das Vierspeichen-Lenkrad aus dem Käfer. Die Bedienung des hoch hängenden Brems- und Kupplungspedals erfordere ein starkes Anziehen der Knie, kritisierte die »Automobil Revue«, zudem sei »der Höhenunterschied zwischen Gas- und Bremspedal zu hoch«. Von einer Nachbesserung ist jedoch nichts bekannt geworden.

Optional gab's von Beginn an ein Stahlkurbeldach (zunächst DM 395,-, 1974 dann DM 604,-); es wurde ab 1969 auch für den Variant angeboten. Bei gelegentlich zu sehenden textilen Faltschiebedächern handelt es sich um Nachrüstungen. Elektrische Schiebdächer wurden im Typ 4 nie offeriert. Der Innenraum war in der Breite deutlich angewachsen, die geräumige Rücksitzbank erntete viel Lob, und dank der relativ weit hinten abfallenden Dachlinie ergab sich auch erstaunlich viel Kopffreiheit. Hinter den Rücksitzen fand sich eine tiefe Ablagemöglichkeit à la Käfer, die im Typ 3 in ähnlicher Form existierte. Sie fasste zirka 170 Liter, während die »Automobil Revue« dem Gepäckraum über dem Motor 160 Liter bescheinigte.

Die großzügige Verglasung bot eine gute Rundumsicht. Groß geraten waren die ovalen und dann ab 1969 die Doppel-Scheinwerfer sowie die üppig bemessenen Rückleuchten. Rückscheinwerfer in den Rückleuchten waren serienmäßig; Nebelschlussleuchten hingegen gehörten zum optionalen Schlechtwetter-Paket mit Nebelscheinwerfern. Die Batterie befand sich schwer zugänglich unter dem Fahrersitz, das war bei fast allen VW der Fall. Das Ersatzrad lag flach im Bug. Die vier Kotflügel waren abschraubbar, und insgesamt wirkte das Auto sehr solide und gut verarbeitet.

Instrumententräger VW 411 L mit Zeituhr mit Kraftstoffanzeige und Kontrollleuchten rechts, Beklebung mit Holzfolie (1968 – 1970). Das Lenkrad unterschied sich von dem des Käfers. (Volkswagen)

Instrumententräger 411 LE um 1971: Links und rechts vom Instrumententräger sitzt je eine Warmluft-Defrosterdüse für die Seitenscheiben, ergänzt werden sie von weiteren zwei Düsen unten am Fahrzeugboden. (Kittler)

Zum Vergleich: Instrumententräger des 412 LE Variant (1973), mit Holzfolienfurnier und mit dem im August 1972 im 411 LE eingeführten Vierspeichenlenkrad mit Prallplatte aus dem Käfer. (Kittler)

Der Innenraum war sehr ansprechend geraten, die »Automobil Revue« nannte die Innenausstattung »vortrefflich«. Vor allem die zwei großen Rundinstrumente (Tacho und Zeituhr für die L-Version, rechts ein Kombi-Instrument) ließen sich gut ablesen, Knöpfe und Bedienhebel waren übersichtlich und logisch platziert. Die vorderen stoffbezogenen Sitze waren körpergerecht modelliert und hatten neben der gängige Längsverstellung auch eine Höhenverstellung (Serie). Die L-Ausführung verfügte zudem über höheneinstellbare Rückenstützen (»Lordosen« übrigens nur für den Zyklop) in den Lehnen, die sich bis in die Liegeposition neigen ließen, Kennzeichen der L-Ausstattung waren auch die Veloursteppiche. Keinen Unterschied zwischen Normal- und L-Ausführung gab es hingegen bei der hinteren Mittelarmstütze, die fand sich bei beiden. Da die Warmlufterzeugung über die wie beim VW Käfer im Abgasstrang liegenden Wärmetauscher (»Heizbirnen«) für den größeren Innenraum für 411 und später 412 nicht ausreichte, erhielt das thermostatisch geregelte Heizsystem des Typ 4 serienmäßig eine benzinelektrische, aber spritfressende Standheizung von Eberspächer (Typ BA 4 mit Zeitschaltuhr). Ebenso war ein zweistufiges Frischluftgebläse mit verstellbaren Rosetten Serie. Bei abgeschaltetem Motor ließ sich die Zusatzheizung als Stand- oder Vorwärmheizer nutzen. Optional war zudem die elektrisch beheizbare Heckscheibe. Auch eine Klimaanlage war in Deutschland stets ein Extra. Sie wurde erst ab 1972 angeboten und kostete im letzten Modelljahr sehr stolze 2118 Mark. Vordere (DM 136,-) und hintere (DM 155,-) Ausstellfenster sorgten für eine bessere Lüftung.

Der 411 L verfügte über Liegesitzbeschläge. (Volkswagen)

Relativ viele Ablagemöglichkeiten waren an Bord: Neben dem Handschuhfach (mit Deckel und Schloss) befand sich links unter dem Instrumententräger ein kleines Bord, dazu gab's serienmäßig Taschen hinten an den Sitzlehnen. Im Handschuhfach versteckte sich wie im Käfer die Entriegelung des vorderen Kofferraums, während die Tank-

Umgeklappter Fahrersitz, hier, wie am Lenkrad zu erkennen, bei einem 412 LE (1973). Die Rückseite der Vorderlehne war mit dem gleichen Material bezogen wie die Sitzwangen und mit serienmäßigen Einstecktaschen versehen. Die hintere Sitzlehne ließ sich nur beim Variant umlegen. Als nur »durchschnittlich« kritisiert wurde der hintere Fußraum. (Kittler)

Vom Kühlluftgebläse (hinten) führte der Warmluftstrom zum Zusatzventilator, von dort zum Wärmetauscher, zum Benzinheizgerät (für Erwärmung im Stillstand) und dann zu den Luftschlitzen der Fußbodenheizung, den Öffnungen beidseits des Instrumententrägers und zu den Defrosterdüsen. Vier Hebel am Boden dienten zur Regulierung, ein Knopf am Instrumententräger zum Anschalten der Benzin-Zusatzheizung. Die »Automobil Revue« nannte das Ganze »Vollkreis-Ventilation«. Allerdings bemängelte »auto motor und sport« das »entnervende Geräusch, das durch das Heizungs- und Lüftungsgebläse verursacht wird«, es überdecke sogar das »deutlich hörbare Motorgeräusch«. (Volkswagen)

Die Tankklappe befabnd sich vorn rechts, hier an einem 411 LE Variant zu sehen. Der Zughebel zur Entriegelung sitzt unter dem Handschuhfach. Der 50-Liter-Tank befand sich zwischen den vorderen Federbeinen. (Kittler)

klappe am Kotflügel über einen Hebel unter dem Handschuhfach betätigt wurde. Die Motorhaube wurde dagegen im Türausschnitt links entriegelt. Der Viertürer hatte Kindersicherungen, die an der schmalen Seite der hinteren Türen platziert wurden. Serie war auch eine Warnblinkanlage.

Zu den Mehrausstattungen gehörten die vorderen Kopfstützen, die Heckscheibenheizung, Kunstledersitzbezüge, besagtes Schiebedach sowie die programmierbare 24-Stunden-Zeitschaltuhr für die Standheizung. Im Laufe der Bauzeit wurde die Liste der Extras erweitert, beispielsweise um Intervallschaltung für die Scheibenwischer, Bremskraftverstärker (ab Modelljahr 1972) oder Stahlsporträder mit Breitreifen. Zur Serienausstattung zählten indes Automatikgurte vorn und Gurtbefestigungen hinten (hintere Beckengurte jedoch optional)

Auch an eine kommerzielle Nutzung als Taxi wurde gedacht, jedenfalls liefen im Mai 1969 Tests der Limousine mit einer Trennscheibe. Die Scheibe kam nicht, aber die Viertürer-Ausführung des Typ 4 gab es selbstverständlich in Taxiausführung – sogar eigene Prospekte wurden gedruckt.

Das Schiebedach stand von Anfang an auf der Typ-4-Preisliste. Wichtig für eine Restaurierung: Teile wie Dichtungen oder auch die »Griffschale, wolkenweiß«, gibt es heute wieder als Original-Ersatzteil beim VW-Händler. (Schwab/Sammlg. Kuch)

Sowohl der 411 als auch der 412 wurden als Taxi offeriert. (Volkswagen/Sammlg. Dr. Walde)

Und dann: das Platzangebot.
Ein großer Innenraum allein macht aus einem Wagen noch kein komfortables Taxi. Ein großer Gepäckraum auch nicht. Also muß gerade ein Taxi von beidem mehr als genug haben.
Die VW 412-Taxis haben es.
Die Sitzraumbreite vorn beträgt 138 cm und hinten 136 cm. Die Beinfreiheit läßt auch den längsten Beinen freien Lauf: Vorn sind es max. 116 cm.
Und zwischen Sitzbank und Vordersitzen hinten sind es max. 85 cm. (Einen Mitteltunnel gibt es nicht. Also braucht auch dort keiner seine Beine zu verschränken.)

Für reichlich Gepäckraum ist gesorgt: 380 Liter unter verschließbarer Kofferraumhaube vorn und 170 Liter-Ablage hinten. Das ist mehr, als normalerweise gebraucht wird.
Aber viel Platz ist nicht das einzige, das wir mit jedem VW-Taxi mitliefern können. Bei uns können Sie, wie für jedes VW-Taxi, eine Menge preiswerter und nützlicher Extras erhalten. Zum Beispiel eine Alarmanlage und eine zweite Batterie mit Trennrelais. Eine zusätzliche Lampe am Fahrerplatz, einen zweiten Außenspiegel, eine Antennenleitung (Koaxial-Kabel). (Funksprechanlage, Taxameter, Taxi-Freizeichen und Taxi-Dachzeichen werden dagegen von Spezial-Firmen eingebaut.)

Eines der VW-Radios, eine beheizbare Heckscheibe, Drehfenster vorn, Kopfstützen, Stahlkurbeldach mit selbstaufstellendem Windabweiser, Bremskraftverstärker, eine teilweise Vorbereitung für den Funksprechverkehr und eine Menge mehr.
Und schließlich: die Sicherheit.
Sicher ist sicher, sagten wir uns. Deshalb haben die beiden VW 412-Modelle eine Menge von Sicherheitsvorkehrungen eingebaut. Zum Beispiel die Sicherheits-Fahrgastzelle, das Sicherheitslenkrad mit Prallelement und Prallplatte, der vollgepolsterte Innenraum sowie für die Fahrsicherheit die Schräglenker-Hinterachse.

Den Typ 4 bot Volkswagen als Polizeifahrzeug neben dem Käfer und dem Transporter/Bus T2 an. Interessanterweise war der Titelseite ein Viertürer in ziviler Lackierung ohne Blaulicht zu sehen. (Volkswagen/Sammlg. Dr. Walde)

Zeitgemäßes Fahrwerk

Der Typ 4 war die erste »richtige« Limousine von VW: mit einer selbsttragenden Karosserie und wahlweise sogar vier Türen. Die Abwendung vom bisherigen Zentralrohrrahmen à la Käfer war ein weiteres Indiz, wie weit sich der Neue von der bisherigen Volkswagen-Grundkonzeption entfernt hatte. Dazu kamen ein moderneres Fahrwerk und ein neuer, größerer 1,7-Liter-Motor, der auch gegenüber der Konkurrenz bestehen konnte. Die Limousine wie auch der spätere Variant (ab 1969) verfügten über einen üppigen Kofferraum im langen Bug, der dem Typ 4 allerdings den gar nicht so spaßigen Kosenamen »Nasenbär« bescherte. Theoretisch hatte er alle Zutaten, um eine erfolgreiche Familien-Limousine zu werden.

Die Doppelgelenk-Längslenker-Hinterachse entsprach im Prinzip der Typ-3-Achse. Sie hatte aber anstelle der Drehstäbe Schraubenfedern mit Teleskopstoßdämpfern und Gummihohlfedern auf jeder Radseite. (Schwab/Sammlg. Kuch)

Die neue Achskonstruktion verschaffe, so das Werk, dem Typ 4 »komfortable Fahreigenschaften und ausgezeichnete Straßenlage«. Bei grobem Unfug hingegen, wie hier bei einem Test im Herbst 1968, half aber auch das nicht weiter. (Schwab/Sammlg. Kuch)

Mit dem Typ 4 hatte VW die längst überfällige Abkehr vom Plattformrahmen in Käfer-Manier vollzogen. Statt einer Tragarm-Vorderachse mit Drehstabfederung verfügte der 411 nun vorn – wie der Porsche 911 – über eine Konstruktion aus Querlenkern, McPherson-Federbeinen (erstmals bei VW) und Stabilisator à la Porsche. Die Federbeine waren als Feder-Dämpfer-Einheiten ausgebildet und dienten gleichzeitig der Radführung, sie beanspruchten aber keinen Platz in Achsmitte, sondern befanden sich in den Kotflügeln. Diese raumsparende Vorderachskonstruktion verhalf zum vergleichsweise großen vorderen Kofferraum. In Achsmitte lagen nun allein flach bauende Teile wie Schubstreben, Querstabilisator und die Kugelumlauflenkung. Sie bestand aus dreiteiliger Spurstange und Sicherheitslenksäule und arbeitete mit dreieinhalb Lenkraddrehungen von Anschlag zu Anschlag relativ direkt.

Nicht ganz so neu, aber im Vergleich zu den anderen Heckmotor-Typen kräftig überarbeitet, präsentierte sich die vom Typ 3 bekannte Hinterachse, die sich in ähnlicher Form auch im VW-Porsche 914 fand. Zwar handelte es sich weiterhin um eine Doppelgelenkachse (die auch bei allen anderen kleinen Automatikmodellen zum Einsatz gekommen war). Die weitgehend spurkonstante Radaufhängung reduzierte aber die Übersteuerneigung. Doch waren auch hier die Drehfederstäbe doppeltwirkenden Teleskopstoßdämpfern und progressiven Gummihohlfedern gewichen.

Die neue Vorderachse des Typ 4. Das Federbein reicht hoch in die Karosserie hinauf. Die Kugelumlauf-Lenkung verfügte über eine dreiteilige Spurstange und einen hydraulischen Dämpfer. (Volkswagen)

Röntgendarstellung des Typ 4: Im Prinzip änderte sich über die gesamte Bauzeit nur wenig, an der Grundkonstruktion sowieso. (Volkswagen)

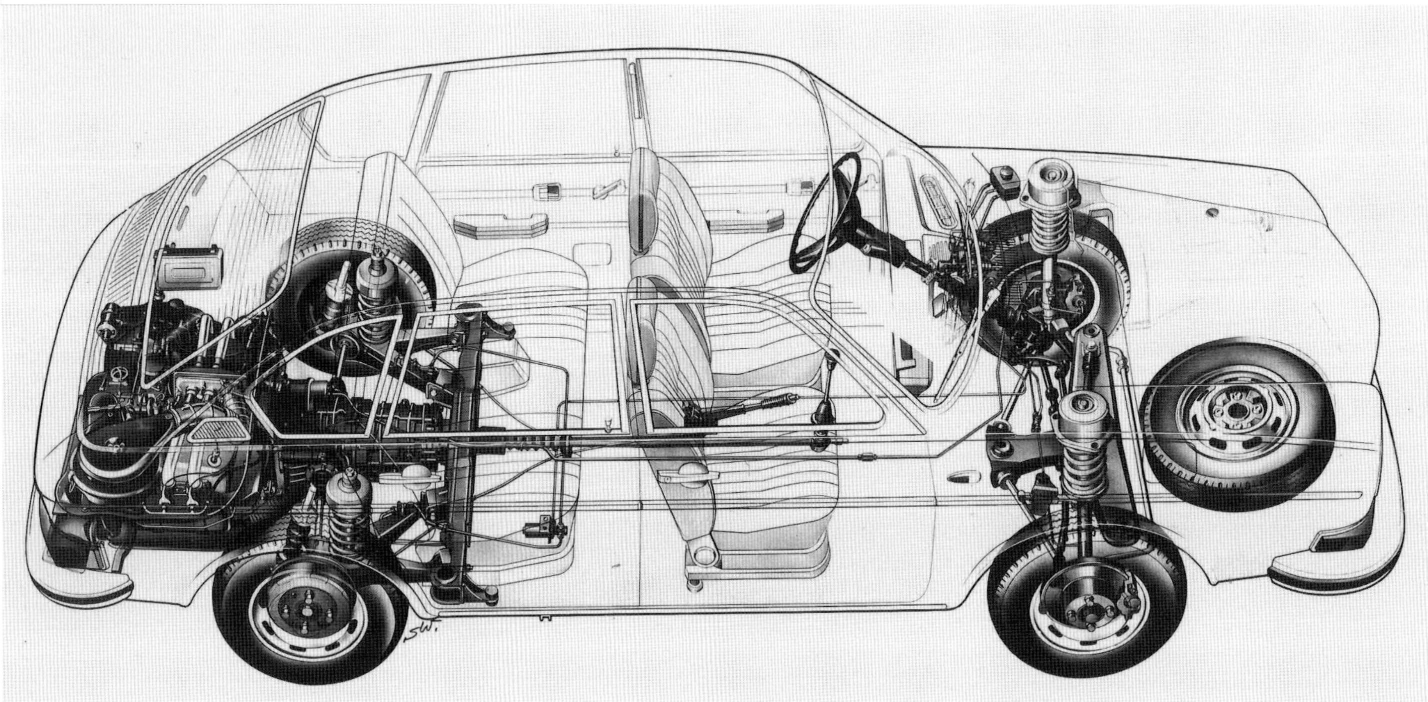

Diese Konstruktion sorgte – im Vergleich zum Käfer mit Pendelachse – für ein erheblich neutraleres Kurvenverhalten, da sich Sturz und Spur beim Ein- und Ausfedern nur wenig änderten. Die Autozeitschrift »mot« beklagte indes, wie andere Medien auch, den unerträglich hohen Lärmpegel (der sogar noch den in Käfer und Typ 3 in den Schatten stellte) und die Poltergeräusche der Hinterachse. Aber die Achslastverteilung des Typ 4 hatte sich gegenüber dem Typ 3 (vorn/hinten: 40/60 %) verbessert: Bei leerem Fahrzeug (nur Fahrer) lag sie nun bei 47/53 %, bei voll beladenem Auto waren es 45 zu 55 %.

Ab dem Modelljahr 1970 erhielten die Typ-4-Limousinen auch an der Hinterachse einen Stabilisator. Gürtelreifen waren von Anfang an serienmäßig. Es handelte sich bei der Limousine grundsätzlich um relativ schmalbrüstige 155 SR 15-Pneus auf 4,5 Jx15-Rädern, während der Variant auf 165 SR 15 rollte. Viele Typ-4-Nutzer optimierten das Fahrverhalten mit breiteren Reifen. Denn der Wagen war, nicht zuletzt wegen des schwereren Heckmotors, vorn zu leicht geraten, weshalb vorsichtige Leute vorn noch etwas Gewicht hineinpackten.
Die Bremsanlage mit Scheibenbremsen vorn und Simplex-Trommeln hinten war von Anfang an als Zweikreisanlage ausgelegt. Im Hinterachskreis befand sich zudem eine Bremskraftregler (nur für die Limousine), der ein Blockieren hinten verhindern sollte.

Das Fahrverhalten des gürtelbereiften Neuen erfuhr nach Testfahrten mit »bereits scharf gefahrenen Versuchswagen aus der Nullserie« Lob von der »Automobil Revue«. Sie charakterisierte den 411 als einen »an der Vorderachse ausgesprochen weich gefederten Wagen, dessen Kurvenverhalten durch starke Seitenneigung in Ra-

Der VW 411 erfüllte die in ihn gesetzten Erwartungen nicht, wurde als »Nasenbär« verspottet und hatte den typischen VW-Motor an der ebenso typischen Stelle. Doch er war selbsttragend konstruiert und hatte ein modernes Fahrwerk, er fuhr besser als jeder andere Volkswagen zuvor. Das Bild zeigt den brandneuen VW 411 L als vom Volkswagenwerk gestifteten Hauptgewinn beim Presse- und Funkball in Berlin im Palais Funkturm am 11. Januar 1969. (Sammlg. Storz)

dien unter 30 m durch starkes Untersteuern und durch eine folgsame Hinterachse gekennzeichnet ist«. Erstaunlich: ein Wolfsburger, der nicht übersteuerte – ob dieser Testwagen speziell präpariert worden war?

Der Testbericht griff die Bewegungen des Aufbaus nochmals auf: »Beim Schlangenfahren überraschte uns aber die extreme Seitenneigung der Karosserie, doch war der Bodenkontakt der breitspurigen Räder immer vorhanden.« Um noch nachzusetzen: »Auf der Rüttelstrecke zeigte sich die weiche Federung mit der ausgezeichneten Dämpfung (wobei die Gummihohlfedern und der Begrenzungsanschlag stark in Anspruch genommen wurde) von der besten Seite.« Im »auto motor und sport«-Dauertest (18/1969) hieß es ebenfalls: »Auf schlechten Straßen zeigt sich der 411 von seiner besten Seite.«

VW überarbeitete 1969 den 411 zum 411 E mit Doppelscheinwerfern und Einspritzmotor und lancierte sogar einen Variant (Volkswagen)

Die Modellpflege bescherte dem 411 Gürtelreifen und ein optimiertes Fahrwerk mit einem hinteren Stabilisator. Diese Maßnahmen verbesserten die Fahreigenschaften, änderten aber nichts an der Optik. Im Bild ein Viertürer für den britischen Markt. (Volkswagen).

Der Vergaser-Motor

Der luftgekühlte Vierzylinder-Boxer in Flachbauausführung hatte einen Hubraum von 1679 cm³ und leistete, zumindest auf dem Papier, 68 PS bei 4500 Umdrehungen. Nur bei der Zyklopen-Serie bestand das Kurbelgehäuse aus Magnesium, anschließend kam Alu zum Einsatz.

Das Triebwerk unterschied sich, trotz gleicher Grundkonzeption, in vielen Details vom Motor des Typ 3: So bestand auch das Lüftergehäuse im ersten Modelljahr aus Magnesium-Druckguss (Typ 3: Blech). Austauschteile passen jedoch nicht zwischen Typ 3 und 4. Allerdings passt der Typ-4-Motor mit etwas Aufwand in den Typ 3, weil die Anschlüsse ähnlich liegen.

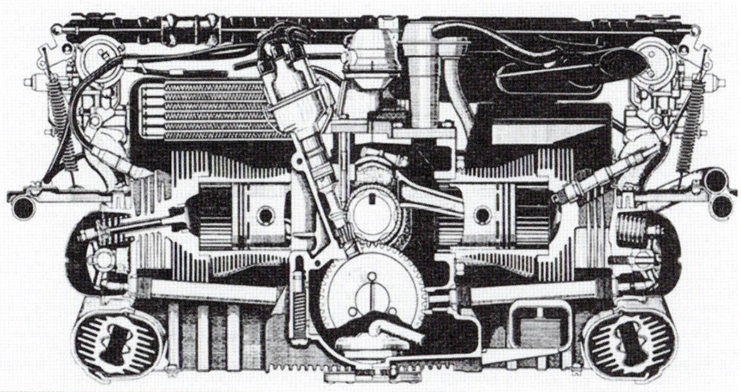

Der auf 1,7 Liter vergrößerte Typ-4-Motor entsprach in seiner Grundaufbau dem Typ-3-Triebwerk. Hier schön zu sehen ist die strömungsungünstige Luftzuführung zu den Fallstromvergasern. (Volkswagen)

Zweivergaser-Motor im 411 Variant (1968). (Schwab/Sammlg. Kuch)

Sowohl beim Typ 4 als auch beim Typ 3 lag das Gebläse vor dem Kurbelgehäuse – und darum war der Motor nur 408 mm hoch. Das wiederum ermöglichte mehr Gepäckraum. An den Motor selbst kam man aber nur etwas mühselig durch eine schmale Klappe heran, genau wie im Typ 3. Laut »auto motor und sport« sollen sich Tankwarte angesichts der schlechten Zugänglichkeit geweigert haben, die Ölkontrolle oder das Nachfüllen von Frischöl vorzunehmen.

Auch den neuen Boxermotor hatten die Entwickler unterquadratisch ausgelegt, das Verhältnis von Bohrung (90 mm) zu Hub (66 mm) war für Volkswagen-Motor charakteristisch: Keine Vollblutrenner, sondern ein zuverlässiges Arbeitstier mit Ausdauer für viel zehntausend Kilometer und einem breit nutzbaren Drehzahlband: Im Drehzahlbereich zwischen 1800 und 3900 Umdrehungen war stets genügend Leistung verfügbar. Mehr noch: Der 411er-Motor war das kurzhubigste aller VW-Triebwerke. Bei der Nenndrehzahl von 4500/min ergab sich eine erträgliche Kolbengeschwindigkeit von 9,9 m/s. Dank der niedrigen Verdichtung von 7,8 : 1 genügte dem Motor Normalbenzin.

Das maximale Drehmoment von 124,5 Nm lag bei 2800 Touren an. Die geschmiedete Kurbelwelle rotierte in vier Gleitlagern mit gehärteten Lagerstellen. Die »ATZ« 70 (1968) empfahl dem Neuen den Einbau einer anderen Kurbelwelle, was deutlich mehr Leistung gebracht hätte – man vermutete 80 PS. Das Schwungrad war mit fünf Schrauben an der Kopfseite der Kurbelwelle verschraubt. Die Pleuel liefen in Bronzelagern, in Bronzebuchsen auch die schwimmend gelagerten Kolbenbolzen. Die Kolben bestanden aus Leichtmetall, die Zylinderbuchsen aus Grauguss, sie waren einzeln austauschbar und verfügten über einen gemeinsamen Zylinderkopf aus Leichtmetall. Die über eine zentrale Nockenwelle betätigten Ventile waren hängend angeordnet, diese ohv-Ventilsteuerung erfolgte über Kipphebel und Leichtmetall-Stößelstangen. Die Kraftstoffversorgung erfolgte über zwei Solex PDSIT-Fallstromvergaser mit 34 mm Durchlass und elektrisch beheizter Startautomatik. Die Benzinpumpe wurde über einen Exzenter von der Nockenwelle angetrieben und saß direkt am Motor. Der Luftfiltereinsatz schwamm im Ölbad und war durch flache, breite Luftschächte mit den Vergasern verbunden.

Der Typ 4-Triebwerksblock an der hinteren Schräglenkerachse. Mit kräftigen Dreieckstreben für die Radführung, die den Doppelgelenkantrieb von Seitenkräften freihalten, dazu senkrecht angeordnete Schraubenfedern. Das komplette Antriebsaggregat war an drei Punkten aufgehängt. (Volkswagen)

Dem eigentlich guten Ruf des 411 nicht zuträglich war die erhebliche Streuung in der Serie, was die Motorleistung anging: Nur die wenigsten dürften auf die angekündigten 68 PS gekommen sein. Gert Hack ätzte in »auto motor und sport« 18/69, dass es VW »entgegen aller Regel verstanden hat, geringe Leistung mit schlechter Elastizität zu koppeln«. Und dass die Zweivergaseranlage Mitschuld am hohen Testverbrauch von 12,7 l/100 km habe.

Andererseits war der Vierzylinder des Typ 4 Basis für einen legendären Motor aus dem VW-Umfeld, den wassergekühlten WBX-Sechszylinder. Mit 3,2 bis 3,7 Liter Hubraum wurde er Mitte der 80er entwickelt und dem T3-Transporter zugedacht. Nachdem zehn dieser 3,2-Liter-Motoren in Vorstands-Innovationsfahrzeugen liefen, bewarb sich die Firma Oettinger um das Triebwerk. Volkswagen vereinbarte den Bau von ca. 500 Einheiten. Oettinger bot den starken Wasserboxer mit Einspritzanlage ausschließlich im T3 an – zum Preis von DM 32.940,-. Parallel wurde von Porsche der eigene Sechszylinder angepasst und in gut einem Dutzend T3-Bussen als Porsche B32 realisiert.

Der Einspritz-Motor

1969 – nach einem knappen Jahr – wurde der 1,7 Liter große 68-PS-Vergasermotor durch eine elektronisch gesteuerte Bosch-Saugrohreinspritzung zum 80 PS starken E-Modell gepflegt und lag damit in Bezug auf die Leistung vor der Konkurrenz von Opel Rekord, Ford 17 M oder Audi 75. Die sogenannte D-Jetronic war ein Jahr zuvor im Typ 3 (VW 1600 LE/TLE) erstmals zu haben und kam etwas später auch im VW-Porsche 914/4 zum Einsatz. Volkswagen und Bosch avancierten damit zu Schrittmachern der elektronisch gesteuerten Saugrohr-Benzineinspritzung. Allerdings mussten anfangs immer wieder Rückschläge in puncto Zuverlässigkeit hingenommen werden, was dazu führte, dass VW außerhalb der USA ab August 1973 wieder auf den Vergasermotor setzte. Mit dem Modelljahr 1974, kurz vor Einstellung des 412, rüstete VW exklusiv für Nordamerika auf die neue L-Jetronic um – ein entscheidend verbessertes und zuverlässigeres, elektronisch gesteuertes Saugrohr-Einspritzsystem von Bosch.)

Oettinger-Wasserboxer mit 3,2 Liter Hubraum. (Kittler)

Der 1,7-Liter-Motor verfügte über eine elektronisch betätigte Einspritzanlage. Die legendäre D-Jetronic war gut für 80 PS. Das Schnittmodell befindet sich heute im Motoren-Kabinett des AutoMuseums. (Kittler)

411 LE-Motor in einem Variant der Autostadt (hier jedoch Luftfilter oben rechts vom 412). Peilstab und Deckel zum Nachfüllen des Motoröls sitzen unten rechts. (Kittler)

Der nunmehrige VW 411 E mit Einspritzmotor verlangte Superbenzin. Er verdankte den Leistungszuwachs auf 80 PS nicht allein der Bosch-Einspritzung: Geänderte Kolben führten zu einer höheren Verdichtung von 8,2 : 1, dazu kamen überarbeitete Zylinderköpfe mit größeren Einlasskanälen und -ventilen, eine andere Nockenwelle und ein anderer Verteiler. Und damit der Motor die veränderte Druckbelastung der höheren Leistung auch verkraftete, bestand das Kurbelgehäuse nun nicht mehr aus Magnesium, sondern aus einer Alu-Legierung:

So ausgestattet, rannte der Nasenbär 155 km/h und sprintete aus dem Stand auf 100 km/h in 15 Sekunden. »auto motor und sport« (12/1969) schrieb, dass sich der »80-PS-VW deutlich temperamentvoller anfühlte« und attestierte eine »wesentlich bessere Laufruhe«. Messbar zugelegt hatte auch die Elastizität: Der 411 E war jetzt »ein VW mit einem Schuss Porsche«, wie »mot«-Tester Engelbert Männer befand und

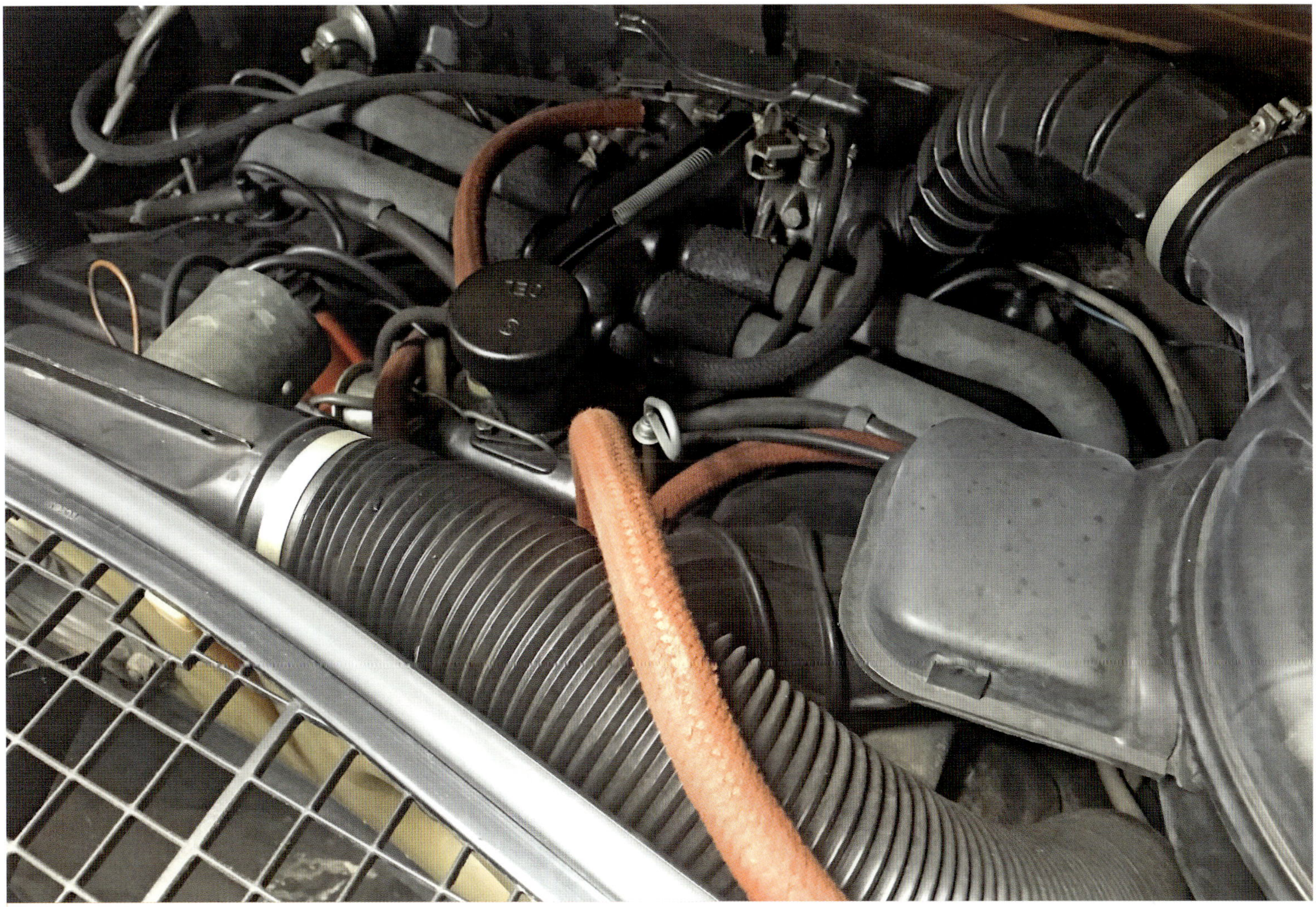

Einspritz-Motor in der 412 LE Limousine von 1973. Der Öleinfüllstutzen sitzt hier in Bildmitte, daneben findet sich der Peilstab. (Kittler)

Fahrleistungen	**VW 411**	**VW 411 E**
0 bis 40 km/h	3,3 s	3,2 s
0 bis 60 km/h	7,0 s	6,8 s
0 bis 80 km/h	10,9 s	10,2 s
0 bis 100 km/h	17,6 s	16,3 s
0 bis 120 km/h	28,2 s	23,2 s
1 km mit stehendem Start	38,4 s	36,6 s
Höchstgeschwindigkeit	147,9 km/h	155,8 km/h

Elastizität	**VW 411**	**VW 411 E**
40 bis 60 km/h	8,2 s	7,1 s
40 bis 80 km/h	16,1 o	11,6 o
40 bis 100 km/h	25,0 s	22,5 s
40 bis 120 km/h	37,6 s	33,3 s
1 km ab 40 km/h	41,0 s	39,7 s

Verbrauch
(durchschnittliche Benzinpreise, Normal 56 Pfg., Super 61 Pfg.)

	VW 411	**VW 411 E**
Stadtverkehr	13,57 L/100 km 7,59 DM/100 km	13,90 L/100 km 8,48 DM/100 km Mehrkosten 11,8%
Landstraße Schnitt 70 km/h	10,74 L/100 km 6,02 DM/100 km	11,72 L/100 km 7,15 DM/100 km Mehrkosten 18,9%
Autobahn Schnitt 130 km/h	13,3 L/100 km 7,39 DM/100 km	13,4 L/100 km 8,18 DM/100 km Mehrkosten 10,8%

Vergleichswerte VW 411 vs. 411 E in »ams« 21/1969.

schlussfolgerte in Ausgabe 1/1971: »Der VW 411 E ist über Erwarten verbessert und verfeinert worden. Trotz Audi und K70 verdient er ein neues Interesse, nicht nur als Aufstiegsmodell für VW-Fahrer«.

VW, sicher sehr geschmeichelt, setzte werblich noch einen drauf: »Allein die Tatsache, dass es jetzt einen VW mit satten 80 PS gibt, ist schon sehr interessant. Viel interessanter aber ist, dass diese Leistung erzielt wird, ohne dass der Motor sich dabei anstrengen muss.«

Der 80-PS-Einspritzer – leider im Test einen Liter durstiger als der Vorgänger – ersetzte nun den 68-PS-Vergaser. Der war jedoch auf ausdrücklichen Wunsch bzw. in Verbindung mit dem Automatikgetriebe weiterhin zu haben. Den 411 E mit 80 PS gab es erst ab August 1970 mit Automatik. Für den Motorblock wurde anstelle der teuren Magnesiumlegierung Elektron nun eine Aluminiumlegierung verwendet.

Dieser Motor erlaubte den damaligen Konstrukteuren die erwähnte spätere Vergrößerung des Hubraumes auf 2,0 Liter dank einer Neukonstruktion des Rumpfmotors. Die Grundprinzipien des Typ-1-Motors (Boxer, Luftkühlung, untenliegende Nockenwelle, Zylinder, Zylinderkopf usw.) wurden jedoch stets beibehalten. Der Zylinderabstand wurde bei den größeren Motoren zwecks Hubraumerweiterung jedoch erhöht.

Schaltgetriebe und Automatik

Das wegen des höheren Drehmoments neu entwickelte Vierganggetriebe mit Vorgelege war in allen vier Gängen synchronisiert. Es war mit dem Motor verblockt und saß vor der Hinterachse. Die Schaltbox selbst und der Achsantrieb nutzten das gleiche Gehäuse. Das schrägverzahnte Räderwerk befand sich im Dauereingriff; Triebling und Tellerrad waren hypoidverzahnt. Dank der hydraulischen Betätigung war die Kupplung nun selbstnachstellend. Der Gangwechsel erfolgte über einen Mittelschalthebel.

Dazu gab's optional von Anfang an sowohl für Limousine als auch für den Variant die vom Typ 3 her bekannte Wandlerautomatik (hydropneumatischer Wandler mit Planetengetriebe). Mit der »Sportomatic« des Porsche hat sie nichts zu tun. Sie reduzierte aber, wie damals üblich, das Beschleunigungsvermögen des Autos und erhöhte den Verbrauch. Außerdem kostete sie zwischen 400 und 600 Mark Aufpreis (wobei gegen Bauzeitende die Preise sanken), was auch nicht gerade zur Popularität dieser Option beitrug.

1971 hatte eine etwas missverständlich formulierte Pressemitteilung für Aufsehen gesorgt, denn sie schien zu bedeuten, dass nun alle

Das vollsynchronisierte Schaltgetriebe war neu entwickelt worden. Vom Kupplungsgehäuse (rechts) her führte die Antriebswelle durch die hohle Getriebehauptwelle (Abtrieb) mit den vier Synchronkupplungen. Das hintere Zahnrad trieb die untenliegende Vorgelegewelle an (Hypoid-Ritzel oberhalb der Mitte des Tellerrads). Die dazugehörige Synchronkupplung wiederum betätigte das Ritzel des Achsantriebs (ganz rechts). Der vierte Gang konnte nun als Direktgang genutzt werden. (Volkswagen)

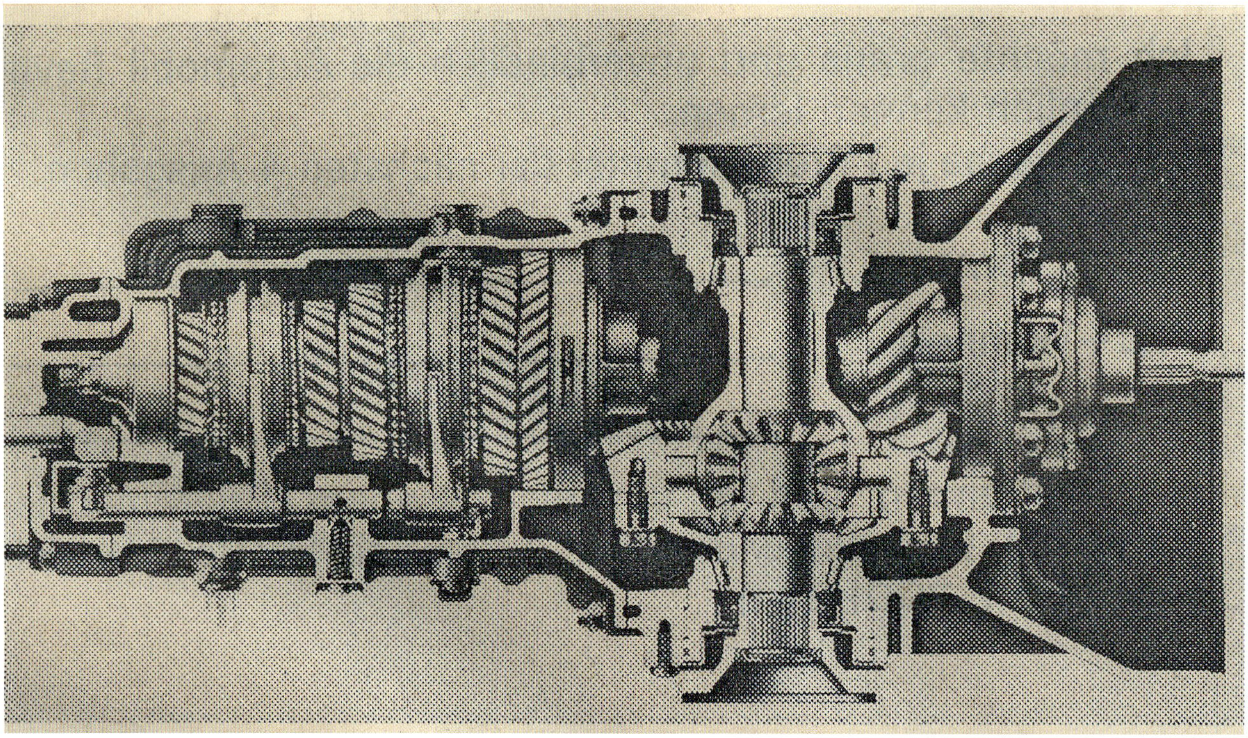

Käfer ab 44 PS, der Karmann-Ghia (Typ 14), der VW 1600 Typ 3 (54 PS) und der 411 E als Extra optional mit Automatik zu haben wären. Erst im zweiten Absatz wurde deutlich, dass bei Käfer und KG Typ 14 eine Kombination aus hydropneumatischem Drehmomentwandler, automatischer Kupplung sowie Dreistufen-Wechselgetriebe zum Einsatz kam: Tatsächlich musste, ohne ein Kupplungspedal zu treten, weiterhin per Hand geschaltet werden. Nur im Typ 3 und 4 ging eine »echte« Getriebeautomatik zu Werke, bestehend aus einem hydropneumatischen Drehmomentwandler und einem Planetengetriebe. Hier entfiel nicht nur das Kupplungspedal, sondern auch der konventionelle Schaltknüppel.

Dreigang-Automatik von Volkswagen für den VW 411. Solche Schnittmodelle wurden für Schulungszwecke oder auch als Messe-Schaustücke gefertigt. Bei der Daimler-Benz AG zum Beispiel musste der Bau solcher Messemodelle vom Vorstand genehmigt werden. (Kittler).

Der Automatik-Wählhebel eines 412 LE von 1973 war identisch mit dem im 411. Der Wählhebel weist Positionsanzeigen für die einzelnen Fahrbereiche auf: Parksperre (P), Rückwärtsfahrt /R/, Leerlauf (N) und Vorwärtsfahrt (D, 1, 2). Eine sogenannte Kickdownfunktion bei schnellem Durchtreten des Gaspedals sorgte – theoretisch – für eine schnellere Beschleunigung. (Foto: Kittler)

Motoren-Alternativen

Noch vor dem Serienanlauf 1968 war daran angedacht worden, dem Großen VW einen Sechszylinder-Boxer angedeihen zu lassen. Ein weiterer Vorschlag an den Vorstand am 29. Oktober 1968 hatte hingegen die Implantation des neuen Audi-Vierzylinder-Reihenmotors (»Mitteldruckmotor«) vorn zum Gegenstand.

Weil längst erkannt worden war, dass angesichts des Trends weg vom boxenden Heckmotor das in Serie umgesetzte Typ-4-Triebwerk eigentlich nur noch eine Zwischenlösung sein konnte, gab es auch einen Kompromissvorschlag aus dem Vorstand: Per 3. September 1970 sollte alternativ geprüft werden, ob der Typ 4 einen (Boxer-)Frontmotor, eine größere Heckklappe und mehr Kofferraum bekommen könnte.

Aus all dem wurde aber nichts, im Oktober 1971 entschied der Vorstand, das Projekt zu beenden. Stattdessen kamen in der Folge auf 1,8 Liter hubraumvergrößerte Triebwerke zum Einsatz. Der ursprünglich exklusiv für den Typ 4 entwickelte luftgekühlte Boxermotor wurde im Transporter T2 und – mit späteren Hubraumerweiterungen auf bis zu 2,0 Liter – in dem von Volkswagen 1979 eingeführten VW Bus/Transporter (VW T3) bis zu dessen Umstellung auf wassergekühlte Aggregate im Jahr 1982 verwendet.

Übrigens: Auch der 2,0-Liter-Einspritzmotor mit 90 bzw. 100 PS des VW-Porsche 914/4 basiert auf dem 411-Aggregat. Porsche setzte den Motortyp dann 1976 mit 2,0 Liter Hubraum im 912 E ein. Hierbei wurde die Maschine von einer Bosch L-Jetronic mit Kraftstoff versorgt und leistete 86 PS. VW-Tuner vergrößerten den Motor auf bis zu 3,0 Liter und erreichten so bis 240 PS.

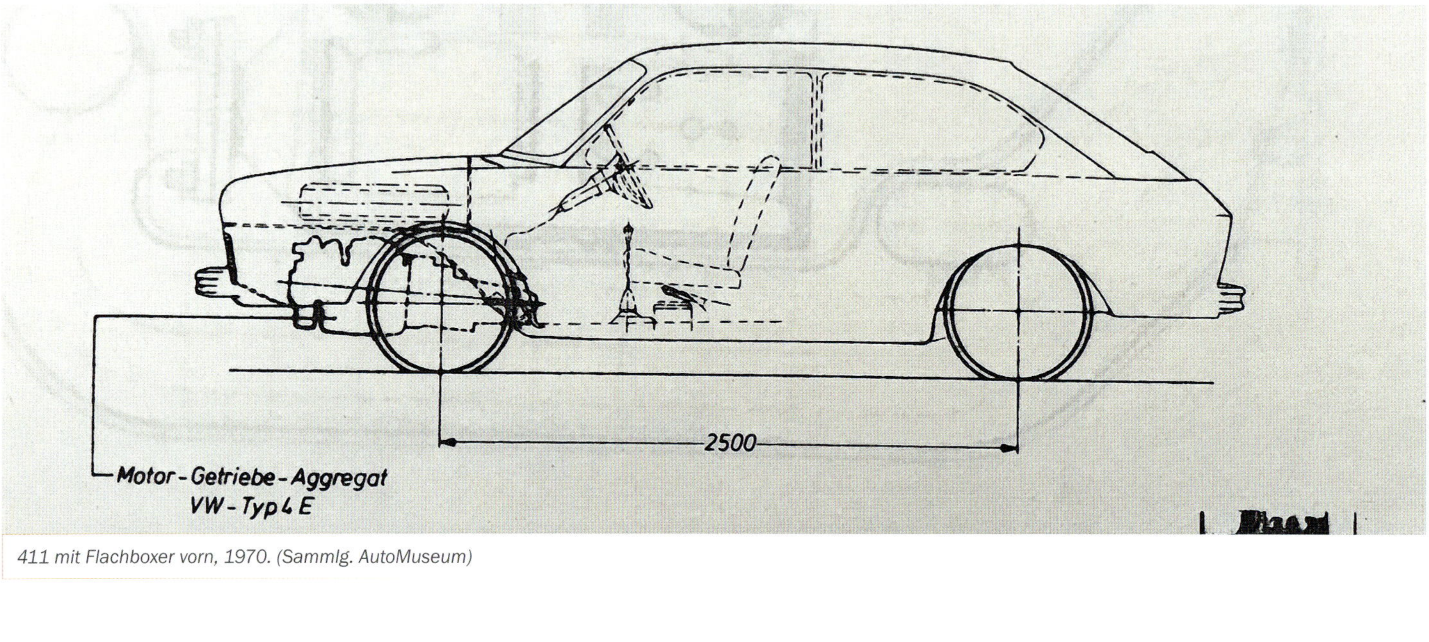

411 mit Flachboxer vorn, 1970. (Sammlg. AutoMuseum)

1969: Jetzt als Kombi

Ab August 1969 kam zusätzlich zum Hatch der »Variant« ins Programm. Für ihren neuen Kombi kreierten die Wolfsburger den Begriff »Großraumlimousine«, ein Prädikat, mit dem sie auch den Typ 3 1600 Variant belegt hatten. Damals allerdings wussten die Käufer noch nicht viel damit anzufangen. Das änderte sich: 1969 wurden bundesweit etwa 400.000 Kombis zugelassen, zumeist als Firmenwagen oder Handwerker- Lastesel. Beliebtester Kombi war der Opel Rekord Caravan, es folgte der Ford Turnier und der VW 1600 Variant.

Der Variant bot mehr Laderaum und Variabilität. Die von Teleskopdämpfern gehaltene Heckklappe schwang so hoch, dass der Fahrer darunter stehen konnte. Wegen des Motors hinten lag die Ladehöhe relativ hoch. Wie erwähnt war der Variant auch mit Schiebedach zu haben, aber immer nur als Zweitürer. Die Entwicklung eines Viertürers wäre zu teuer gekommen, wurde kolportiert – was angesichts der erwarteten überschaubaren Vertriebszahlen vielleicht Sinn machte.

Bei schneller Kurvenfahrt bewegte sich der Aufbau spürbar mit. Erwogen wurde im Mai 1969 auch der Bau eines Stadtlieferwagens mit verblechten Seitenflächen, doch nur in Skandinavien soll es solche gegeben haben. (Kittler)

Der 411 LE Variant von 1970 ließ sich dank der fahrwerksseitigen Verbesserungen durchaus flott um die Kurve bewegen. (Kittler)

Selbstverständlich gab es viertürige Versuchsmuster, wie Dr. Frank Metzner – damals zehnjähriger Sohn der Chefsekretärin Nordhoffs, später Manager in der Aggregateentwicklung – berichtet: »Als autobegeisterte Schuljungs fuhren wir in Wolfsburg auf unseren Fahrrädern gern nie gesehenen Vorserienautos hinterher, um sie genau anzusehen. Ende der 60er folgten wir einem von Dr. Friedrich Goes, damals Leiter Pkw-Versuch, gesteuerten Versuchswagen: einem viertürigen 412 Variant. Er hatte die kürzeren Türen der viertürigen Typ-4-Limousine, wobei die hinteren Türen vor dem hinteren Serien-Kotflügel endeten – das Begrenzungsblech ist beibehalten geblieben. Die hintere Tür der Limousine musste in der Höhe aufgestockt werden und wirkte etwas gefriemelt.«

Wenn es denn unbedingt ein VW-Kombi sein sollte, dann war der VW 411 Variant die bessere Wahl. (Volkswagen)

Mit Erscheinen des VW 411 hatte Volkswagen nun zwei Variant im Angebot. Als Raumwunder galten beide nicht – nicht nur in Sachen Gepäckräume: Wie ein roter Faden zieht sich die Kritik an beengten Platzverhältnissen im Fond und eng stehenden Pedalen durch die Geschichte der Großen Volkswagen. (Schwab/Sammlg. Kuch)

Hinterer Laderaum des 411 LE Variant. Die Lehne der hinteren Bank lässt sich, anders als bei der Limousine, komplett umlegen. (Schwab/Sammlg. Kuch)

Die stoffbezogenen Sitze (mit Verriegelungstaste für den Zugang nach hinten) Sitze ließen sich in drei Ebenen verstellen. Doch der Seitenhalt bei schneller Kurvenfahrt war unbefriedigend und die Sitzposition, zumindest nach Meinung von Testern, zu hoch. (oben: Kittler, unten: Schwab)

Ausstellbare hintere Scheiben gab's als Option, sowohl in der Limousine als auch im Variant, hier ein 411 LE. (Kittler)

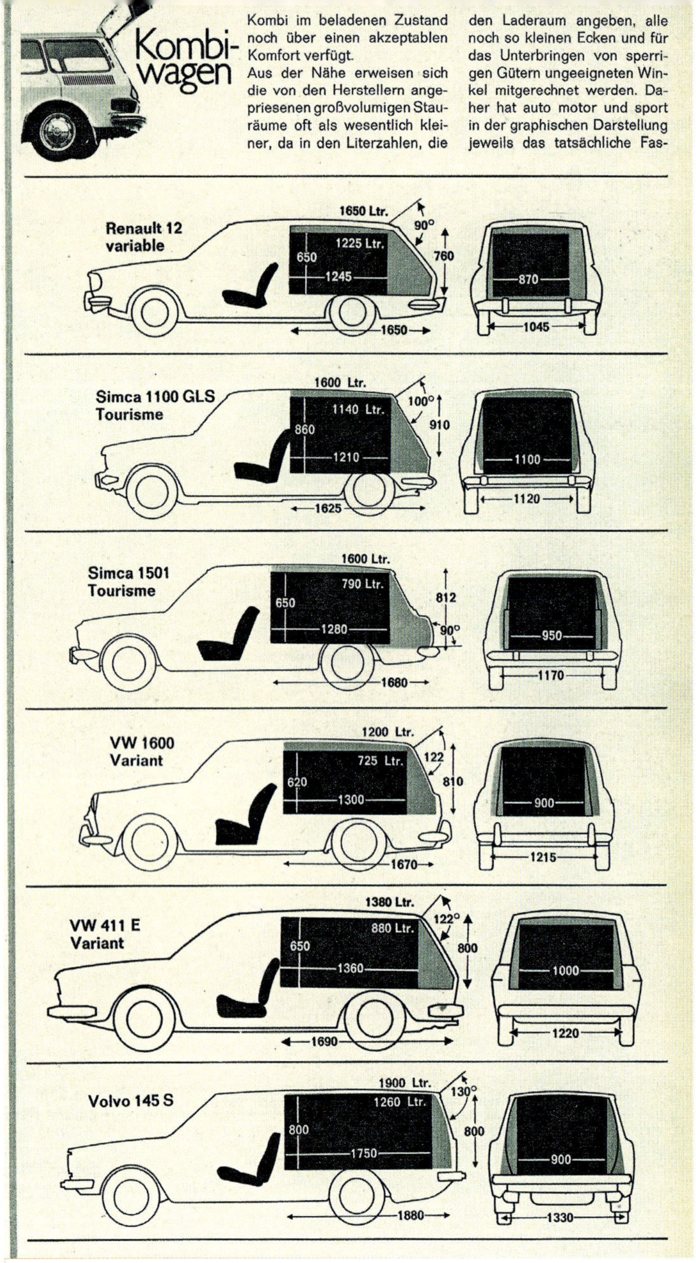

Kombiwagen

Kombi im beladenen Zustand noch über einen akzeptablen Komfort verfügt.
Aus der Nähe erweisen sich die von den Herstellern angepriesenen großvolumigen Stauräume oft als wesentlich kleiner, da in den Literzahlen, die den Laderaum angeben, alle noch so kleinen Ecken und für das Unterbringen von sperrigen Gütern ungeeigneten Winkel mitgerechnet werden. Daher hat auto motor und sport in der graphischen Darstellung jeweils das tatsächliche Fas-

Die Kombi-Ausführungen von Volkswagen im direkten Vergleich mit der Konkurrenz. Die war 1971 noch nicht besonders üppig.

Zwar betrug der Kombi-Anteil in den ersten Monaten rund 50 % aller-Typ 4-Verkäufe, die ihrerseits allerdings nicht mehr als rund 5 % vom gesamten VW-Absatz ausmachten. Doch sollte nach den Prognosen der Marketing-Experten rund 30 % auf den Variant entfallen (tatsächlich stieg der Anteil auf über 60 %). Was sie auch nicht erwartet hatten: Die Variant-Käufer rekrutierten sich überwiegend aus den Reihen der Käfer- und 1600er-Fahrer. Das macht verständlich, warum »mot« in seinem Testbericht die Vor- und Nachteile nicht nur gegenüber der Konkurrenz, sondern auch gegenüber dem VW 1600 herausarbeitete.

Verglichen mit letzterem, stellte der Kombi-Bär einen erheblichen Fortschritt dar: Motorleistung, Sicherheit, Fahrkomfort und Mit

Unter der hinteren Klappe des Variant war genügend Standhöhe, wie diese Werbeaufnahme eines 411 belegt. (Volkswagen)

Die wichtigsten Stationen der Modellpflege VW 411 (1968 – 1972)

1968

August Produktionsbeginn VW 411 als Zwei- und Viertürer. Luftgekühlter 1,7-Liter-Boxermotor mit Zweivergaser-Anlage, 68 PS bei 4500/min. Federbein-Vorderachse mit Drehstab-Stabilisator, Schräglenker-Hinterachse. Viergang-Handschaltung, Getriebeautomatik auf Wunsch; Benzinelektrische Zusatzheizung Serie, auch als Standheizung verwendbar. Gürtelreifen 155 SR 15 Serie, Drehstrom-Lichtmaschine. L-Ausstattung: Teppichboden statt Gummimatten, Liegesitze mit Lordosenstütze, Sitzbezüge Velours. Tasche in Lehnenrückfläche.

Oktober Auslieferung der ersten Modelle.

Dämmplatten für Radkästen im Motorraum (Geräuschisolation).

1969

Januar Motor-Modifikationen (Ein- und Auslasskanäle, Kipphebelübersetzung); Heizungskästen vor Hinterachse an Karosserie verlegt (Lärmminderung), Heizschläuche geändert. Detailmodifikationen an Getriebe und Hinterachse (um Poltergeräusche zu beseitigen).

Vergrößerter Öffnungswinkel der Vordertüren, torsionsgefederte Mitnehmerscheibe gegen Kupplungsrupfen. Dämm-Matten unter Rücksitzbank und Motor-Stehwand.

August Einführung VW 411 E: Bosch-Einspritzanlage, höhere Verdichtung, Modifikationen an Zylinderkopf und Zündverteiler. Motorblock und Ölwanne aus Aluminium-Druckguss. Öleinfüllstutzen und -messstab höher gelegt. Schaltstange und -kupplung verstärkt. Halogen-Doppelscheinwerfer (H1).

Alle Modelle: VW-Zeichen mit seitlichen Zierstreifen am Bug, Stahlfelgen silber. Sitzposition tiefer, Sitze besser ausgeformt, Instrumente tiefer versenkt, größerer Aschenbecher, Armlehnen an der Seite ohne Zierteile. Frischluftgebläse stufenlos regulierbar, vergrößerte Entlüftungsschlitze unter dem Heckfenster. Verbesserte Geräuschisolation.

L-Ausstattung mit Zigarettenanzünder. Stabilisator an der Hinterachse.

Vergaser-Modelle: Breitbandscheinwerfer (mit Einfassung) anstelle Ovalscheinwerfer. Getriebeautomatik auf Wunsch.

Einführung 411 E Variant: Nur Zweitürer mit Heckklappe; Sitzbank- und Lehne hinten sind umklappbar. Entlüftungsschlitze in C-Säule. Andere Hinterachsübersetzung, Reifendimension 165 SR 15.

Auf Wunsch: Tachometer mit Kilometerzähler und Zeituhr mit Zeitwahlvorschalter. Klimaanlage mit Mittelausströmer.

September Verstärkte Drehstrom-Lichtmaschine.

Oktober Auspuff-Endrohr E-Modell rechtsseitig verlegt.

1970

März Nachlauf vorn von 9 auf 16 mm vergrößert (durch Verlegung der Achsschenkel).

April Kürzere Schaltstange, neue Schaltfingerkupplung.

August Wegfall des 1,7-Liter mit 68 PS.

Fronthaube mit Sollknickstelle und Fanghaken versehen, um bei einem Aufprall die Zerstörung der Windschutzscheibe möglichst zu vermeiden. Abschleppösen vorn und hinten, Tankverschluss mit Gewinde und Überdrehsicherung. Innenraummodifikationen: Armaturenbrett schwarz lackiert (vorher Holzimitation beim L; Lenkschloss mit Schließzylinder, Verriegelungsknöpfe in den Fensterrahmen, Sitzführungsschienen seitlich zusätzlich abgestützt (US-Norm); Bedienungsschalter Zusatzheizung am Instrumentenbrett, linker Hebel auf Bodenblech entfällt. Einschaltdauer der Standheizung zur Schonung der Batterie zeitlich begrenzt, max. 10 min. Ventilspiel vergrößert; Automatik nun auch in Verbindung mit E-Modell lieferbar. Leerlauf-Drehzahlregler. Scheinwerfer brennen nur bei eingeschalteter Zündung. Zentraler Diagnosestecker im Motorraum.

US-Modelle: Aktivkohlefilter für Tankentlüftung.

Getriebeautomatik nun auch für den Einspritzer lieferbar

1971

August Türschlösser verstärkt, ebenso die Drucktasten in den Türgriffen. Vierspeichen-Lenkrad mit Pralltopf. Lenkstockschalter für Scheibenwischer und -wascher rechts am Lenkrad. Tachoskala bis 190 km/h. Neuer Zündverteiler, geänderte Kurbelgehäuse-Entlüftung, hinteres Motorabdeckblech geteilt. Auspuff-Abdeckblech vergrößert. Abschirmung für Ansaugrohr der Ölpumpe. Ansaugluft-Vorwärmung.

Auf Wunsch: Bremskraftverstärker und Wärmetauscher, Scheibenwischer-Intervallschalter.

1972

Juli Hinterachsübersetzung geändert (Limousine). Kunststoffeinfassung der Doppelscheinwerfer.

August Serienanlauf VW 412.

1972: Neue Generation – der VW 412

Mit dem Modelljahr 1973 hieß der Große 412 und bekam eine neue, dem brasilianischen VW 1600 nachempfundene Frontpartie, etwas despektierlich »Leiding-Schnauze« (nach dem neuen Vorstandschef) genannt. Änderungen betrafen die Position des Stoßfängers und veränderte Rückleuchten. Beim Variant gab es zudem eine geänderte Kennzeichenbeleuchtung. Dazu kamen aber zahlreiche Detailverbesserungen bei Interieur (beispielsweise Wiedereinführung der Holzzierleiste am Armaturenbrett) und Technik. Die 80-PS-Antriebstechnik des 411 E wurde nach dem Anlauf des 412 ab August 1972 zunächst für ein Jahr weitergenutzt, erst dann kam der größere 1,8-Liter.

Werbung für die »Leiding-Schnauze« – hier als Zweitürer-Limousine und als Variant. (Volkswagen)

Die Unterschiede zu den Vorgängern waren nicht so groß, weder beim Variant noch bei der Limousine. Eine große Heckklappe wäre nett gewesen. (Volkswagen)

Eingefasst waren die Doppelleuchten von einer silberfarbenen Kunststoffblende; beim 411 hatte es auf wenigen Märkten verchromte Blenden gegeben. (Volkswagen)

Langzeit-Qualität war in den Siebzigern – und beim Typ 4 sowieso – ein Fremdwort. Dieser 412 L wurde 1979 in Berlin aufgenommen, da waren die Großen Volkswagen praktisch bereits ausgestorben. Und auch dieser VW war schon sichtlich angezählt. (Sammlg. Alexander F. Storz)

An Triebwerk und am Fahrwerk des 412 Schrägheck (hier ein 412 LE) änderte sich zunächst nichts. (Volkswagen)

Instrumententräger 412 LE Schrägheck, Vierspeichenlenkrad ohne Holzfurnier. Die Zeituhr lief immer elektrisch, nutzte aber ab Modelljahr 1974 die genauere Quartz-Steuerung. (Schwab/Sammlg. Kuch)

Die beiden großen Rundinstrumente des 412 LE unterschieden sich von den Uhren des 411 L/LE - so reichte der Tacho ab August 1971 bis 190 km/h. Insgesamt gab es sechs verschiedene Tacho-Versionen. (Kittler)

Die neuen Leuchten hatten den gleichen Durchmesser, und wie beim Typ 411 befand sich auch beim 412 die Tanköffnung weiterhin rechts. (Kittler)

Die Zwangsentlüftungsöffnungen bei 411 und 412, sowohl bei der Limousine als auch beim Variant, unterschieden sich nicht. Es wurden identische Blechteile verwendet. (Kittler)

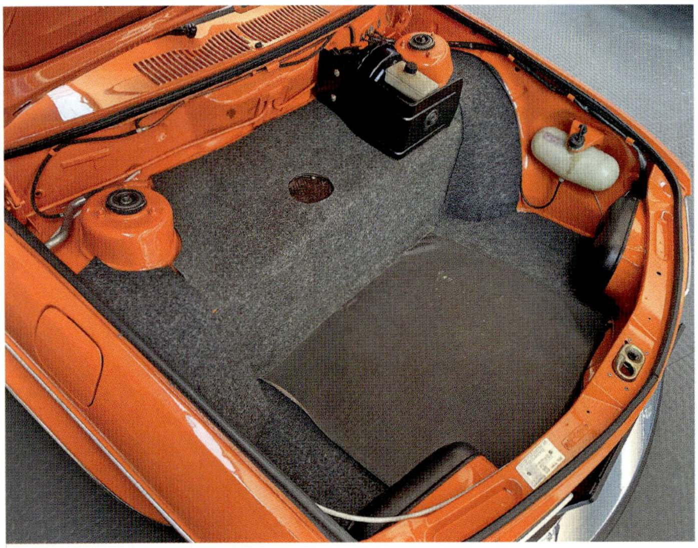

Auch der vordere Kofferraum des 412 war identisch mit dem des 411. (Kittler)

Kennzeichen der ab August 1971 angebotenen Fahrzeuge war der von einem Blech geschützte Bremskraftverstärker. (Kittler)

Erst im August 1973 ersetzte man den vom 411 E bekannten 1,7-Liter-Einspritzmotor durch die 1,8-Liter-Zweivergaser-Modelle mit 75 PS (Normalbenzin 91 Oktan und 85 PS (Super 95 Oktan). Letzerer befeuerte den stärksten je angebotenen Typ 4. Die Zeituhr erhielt jetzt eine neuartige Quarzsteuerung, dazu gesellten sich ein verbessertes Frischluftgebläse, eine Handbrems-Kontrollleuchte und weitere Detailverbesserungen.

Modell-Übersicht

Modellübersicht VW 411 und 412. Angeboten wurden 411/412 (L)E (1969–1973) mit 1,7 Liter, Einspritzer (80 PS / 59 kW), 412/L (1973–1974) mit 1,8 Liter, Vergaser (75 PS, Normalbenzin) sowie 412 (L)S (1973–1974) mit 1,8 Liter, Sport-Vergaser (85 PS, Superbenzin). L bezeichnete jeweils die Luxusausstattung, wobei diese beim Typ 4 wesentlich häufiger verkauft wurde als die Normalausführung. (Sammlg. AutoMuseum)

Typ 4

MODELL 411	Limousine "L"	2 türig	Linkslenkung
MODELL 412	Limousine "L"	2 türig	Rechtslenkung
MODELL 415	Limousine	2 türig	Linkslenkung
MODELL 416	Limousine	2 türig	Rechtslenkung

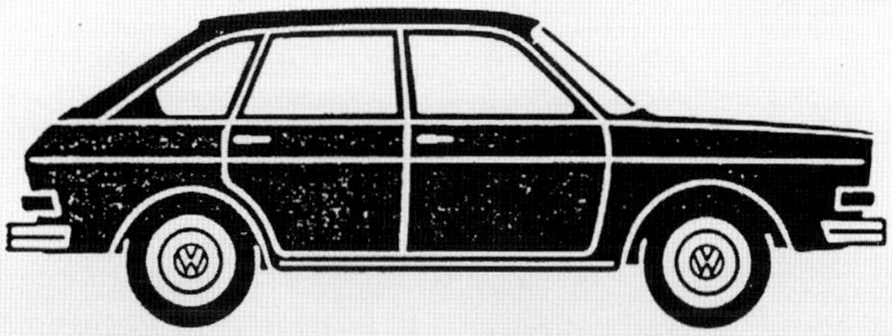

Typ 4

MODELL 421	Limousine "L"	4 türig	Linkslenkung
MODELL 422	Limousine "L"	4 türig	Rechtslenkung
MODELL 425	Limousine	4 türig	Linkslenkung
MODELL 426	Limousine	4 türig	Rechtslenkung

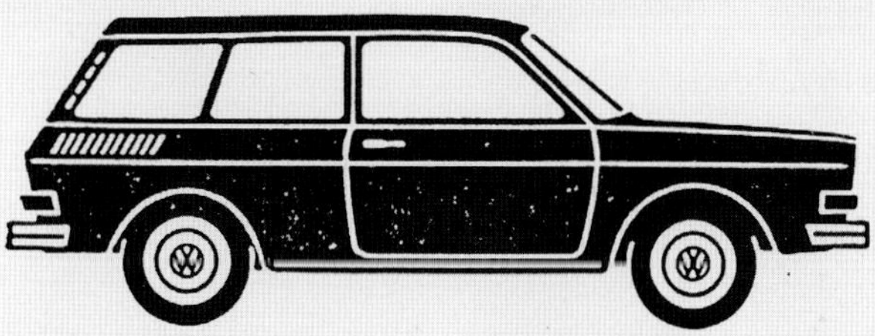

Typ 4 Variant

MODELL 461	Variant "L"		Linkslenkung
MODELL 462	Variant "L"		Rechtslenkung
MODELL 465	Variant		Linkslenkung
MODELL 466	Variant		Rechtslenkung

Der 412 im Diensteinsatz

Sowohl die Polizei als auch die Feuerwehren nutzten den »Nasenbären« als Streifenwagen, als Führungs- und Kommandofahrzeuge. Sie ersetzten meist die verbliebenen Käfer- und Typ-3-Streifenwagen, ohne aber auch nur im Ansatz deren Stückzahlen zu erreichen.

Ab 1950/1951 hatten alle Polizeidienststellen Streifenwagen erhalten. Bei den ersten handelte es sich um Volkswagen mit Karmann (oder Papler-) Aufbau, die, ganz im Stil der Vorkriegszeit, wie offene Kübelwagen aussahen. Das änderte sich schnell, die Polizei war kein Fan dieser Cabriolets und stellte auf Limousinen um. Auch der Käfer lief in großen Stückzahlen, zumal die Funkgeräte jetzt so klein und handlich geworden waren, dass sie in jedes Auto passten – auch in kleine, enge und für den Zweck völlig ungeeignete wie die luftgekühlten Volkswagen. Funkstreifenwagen mit genormtem Einbauschacht lieferte spätestens seit Ende der 60er jede deutsche Automobilfirma.

Dieser 412 Variant von 1973 diente als Einsatzfahrzeug der Feuerwehr, zu sehen im AutoMuseum. (AutoMuseum)

Zu Zeiten des Typ 4 liefen in der Bundesrepublik laut Werner Oswald rund 8200 Volkswagen im Streifendienst, überwiegend Typ 3 Variant und Käfer, weniger der Typ 4. Genau Zahlen sind leider unbekannt, doch alle diese Fahrzeuge wurden nach Erscheinen von Golf und Passt – die ja nicht nur über die modernen Frontmotoren, sondern, noch wichtiger, über vier Türen verfügten – rasch ausgemustert: Mitte der 70er-Jahre war die ebenso kurze wie unrühmliche Polizei-Karriere der »Großen Volkswagen« beendet.

Ein wenig länger konnte sich der Variant als Einsatzleitwagen ELW bei der Feuerwehr halten, da machte sich die unglückliche Zweitürigkeit weniger negativ bemerkbar als im Streifendienst. Doch laut der nach 1981 gültigen DIN 14507 Teil 1 zur Normung von Einsatzleitwagen mussten selbst ELW der kleinsten Kategorie I nun zwingend »mehr als 2 Türen« aufweisen. Das bedeutete das endgültige Ende für die Boxermotor-Baureihen von Volkswagen.

Mit Blaulicht eingesetzt hingegen wurde der Typ 4 beispielsweise in Hamburg und in Rheinland-Pfalz, hier als »Polizei-Kommandowagen«, vermutlich ein Vorführwagen. (Volkswagen)

Die wichtigsten Stationen der Modellpflege Typ 412

1972

August

Neugestaltung von Vorderfront und Fronthaube; Doppelscheinwerfer in neuen Blenden. Stoßfänger und Blinkleuchten höhergesetzt. Nur Limousine: zwei Kennzeichenleuchten, Rückleuchten höher. Variant: Rückleuchten schmaler. Nur Zweitürer: vergrößerter Türöffnungswinkel. Scheibenwischerarme mattschwarz, Außenspiegel mit Gummieinfassung. Ablagefächer in den Vordertüren, Seitenarmlehnen mit nach unten offenem Griff. Sitzverankerung für Vordersitze verstärkt.

Blinkerschalter bei ausgeschalteter Zündung als Parklichtschalter. Geänderte Steuerzeiten, breitere Scheibenbremsbeläge und Getriebesynchronisation verstärkt. Modifikationen an Federbeinen und Stabilisator (straffer abgestimmt). Einspritzer: Papierluftfilter anstelle Ölbadluftfilter; Ansaugluft-Vorwärmung entfällt.

Motorenausstattung zunächst weiter wie beim 411, mit Papierluftfilter.

Dezember

Innenbeleuchtung funktioniert auf Knopfdruck.

1973

August

Einspritzanlage durch Zweivergaser-Anlage ersetzt (außer USA). Hubraum jetzt 1795 cm³. Modellbezeichnung: 412 (N-Motor, 75 PS, Normalbenzin) und 412 S (85 PS, Superkraftstoff).

US-Modell mit Einspritzung und 76 PS. Neue Auspufftöpfe (Gillet), Gelenkwellen mit verstärkten Kugelgelenken, verstärktes Getriebegehäuse durch zusätzliche Verrippung, Übersetzung vierte Fahrstufe geändert. Scheibenräder mit Einpresstiefe 41 mm, dadurch Spurweite vorn und hinten um 10 mm vergrößert. Frischluftgebläse mit größerem Gebläserad, Zeituhr mit Quarzlaufwerk, neue Fernlichtschaltung.

Auf Wunsch: Scheinwerfer-Reinigunganlage. US-Modelle: verstärkte Stoßfänger und -aufnahmen laut neuer Norm, die verlangt, dass die Stoßstange nach Aufprall wieder in Ausgangsstellung zurückgleiten.

1974

Juli Auslaufen der Modellreihe, Limousine und Variant beide bis Juni 1974 in Produktion.

Nicht realisierte Weiterentwicklungen

Im Zuge der weiteren Fortentwicklung gab es einen heute nur noch in Papierform erhaltenen Viertürer-Hatch, dessen Hecktür oben am Dach angeschlagen war. Offensichtlich hatte man dem Auto auch einen größe-

ren Motor verpasst. Die Form der seitlichen Entlüftungsschlitze erinnern an die Lösung beim Variant. Zum Zeitpunkt des Modifikationsvorschlags hätte sich dieser aber für das Unternehmen schon nicht mehr gerechnet.

Ein später Typ 4 mit großer Heckklappe und geänderter Ansaugluftführung. Es blieb beim Versuch, für eine Serieneinführung hätten die Entlüftungsschlitze wie beim Variant auf die Seite verlegt werden müssen. (Sammlg. 411/412 Club)

Versuchsweise wurde der Typ 4 auch mit stärkeren Motoren ausgestattet – beispielsweise 1972/73 ein 412 mit dem 2,0-Liter des VW-Porsche 914, wie GTI-Miterfinder Alfons Löwenberg zu berichten weiß. Überliefert sind zudem Fotos, die einen deutlich verbreiterten 412 zeigen, der einen Vierzylinder-Boxer mit gut 100 PS unter der Haube hat. Dieser Wagen war vom Versuchsbau zum Austesten von Komponenten des ESVW I und angedachter weiterer Modelle in der oberen B-Klasse aufgebaut worden. Insbesondere ging es um ein frühes Antischlupf-Regelungssystem. Die Projektverantwortung lag bei Ernst Buffler. Zu weiteren eigenständigen Fahrzeugen in der angestrebten Klasse kam es jedoch nicht mehr, letztlich ging der vom Audi 80 abstammende Passat in Serie. Das Versuchsauto blieb ein Einzelstück ohne Serienrelevanz.

Intern wurde der Typ 4 permanent weiterentwickelt, auch wenn nicht alle technischen Verbesserungen in Serie gingen. So hat man auch ein frühes Antiblockiersystem (»Anti-Skid-System«) im Großen VW erprobt. (Schwab/Sammlg. Kuch)

Verbreitertes Kraftpaket aus der Volkswagen Forschung, ca. 1973. (Sammlg. AutoMuseum)

Projekt »Hamburg«: Das VW 411 Cabrio entstand 1968 auf Initiative von Karmann. (AutoMuseum)

Ganze besondere Einzelstücke

Das 411-Cabrio

Erstaunlicherweise dachte man 1968 sogar an ein Cabrio, basierend auf einer zweitürigen Limousine der 1. Serie. Das Ergebnis war ästhetisch zwar fragwürdig, unbenommen bleibt, dass es schwierig genug ist, ein offenes Auto bei auf Basis einer selbsttragenden Karosserie darzustellen. Ob die Osnabrücker dafür wirklich einen Auftrag erhielten oder in eigener Regie vorpreschten, ist unbekannt. Jedenfalls blieb Karmann selbst skeptisch und war nicht sonderlich überrascht, als VW-Vorstandschef Lotz das Projekt am 9. Januar 1969 beendete.

Das fünfsitzige Typ 4 (EA 237, Tarnname »Hamburg«) besaß bereits ein elektrohydraulisch betätigtes, dickgefüttertes Verdeck. Der Kippschalter dafür saß hinter dem Lenkrad. Das Softtop mit kratzresistenter Kunststoffscheibe – anders ausgeführt und größer als beim Käfer und beim Typ 3 – ließ sich voll versenken. Es handelte sich um eine extra für diesen Prototypen angefertigte Entwicklung. Das Cabriolet wog 1.080 kg und soll 140 km/h geschafft haben. Angetrieben wurde des vom 1,7-Liter-Motor mit 68 PS, die Kraftübertragung erfolgte über ein Viergang-Getriebe.

Dass der Vorstand um VW-Chef Kurt Lotz die Übernahme des EA 237 in die Serienproduktion ablehnte, überrraschte wohl noch nicht einmal Karmann selbst. (AutoMuseum)

Nordstadt-Express: der Artz-Umbau des VW 411 LE Viertürers von 1970 führte zu einem ganz besonders kräftigen Nasenbären. (Sammlg. Dr. Walde)

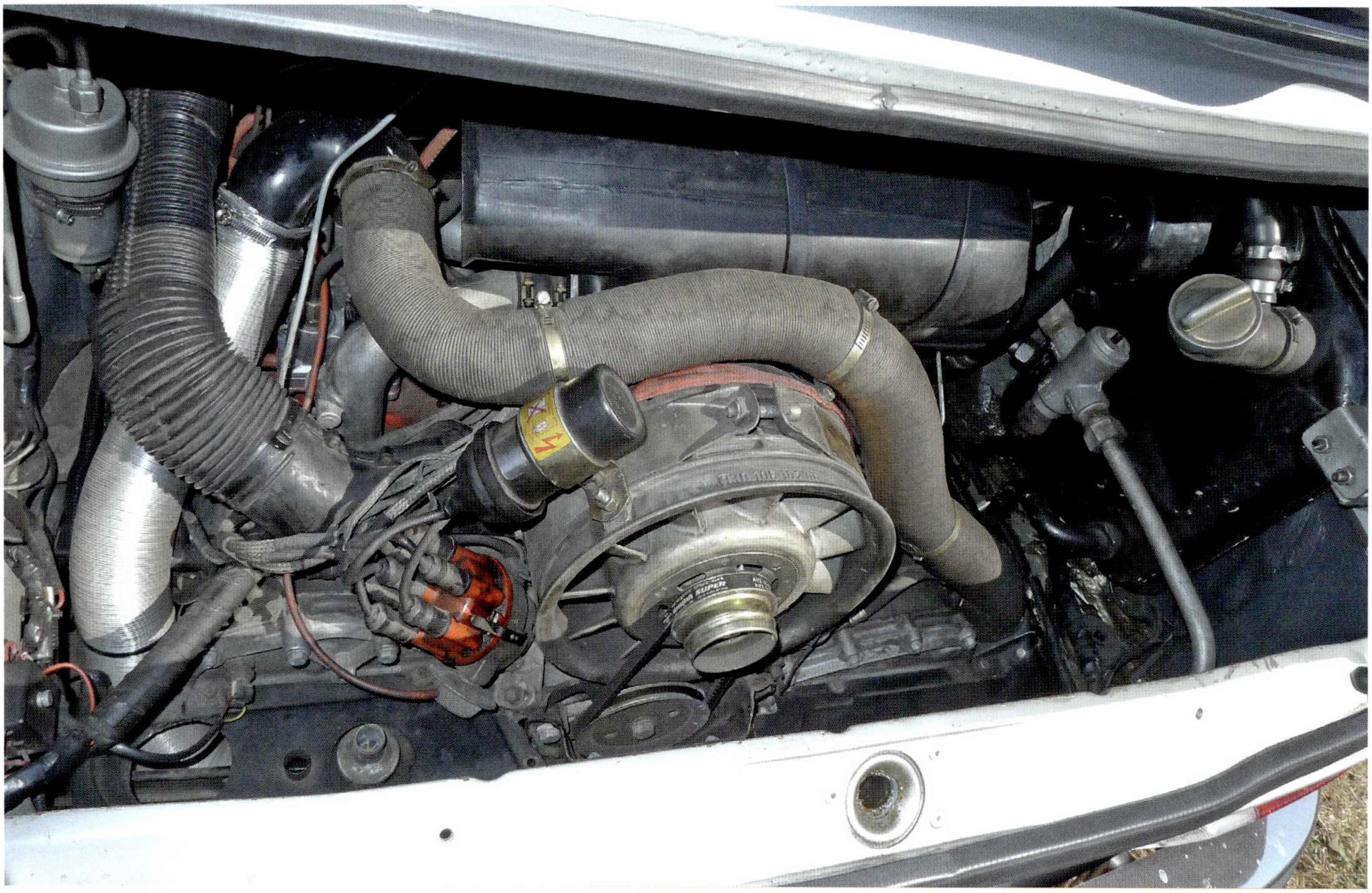

Nur auf den ersten Blick ein noramler Typ 4: Man muss schon etwas genauer hinschauen, um die Unterschiede zu entdecken. (Sammlg. Dr. Walde)

Der Silberpfeil von Günter Artz

Auch der legendäre Verkaufsprofi des Hannoveraner Autohauses Nordstatt, Günter Artz, baute 1970 einen silberfarbenen 411 LE zu einem Kraftpaket namens Nordstadt-Express um. In der »Guten Fahrt« war zu lesen, dass dem 1968 ein allerdings verworfenes Erprobungsexemplar bei Porsche (mit einem 911er-Sechszylinder und Fünfganggetriebe) vorausgegangen war. Artz versah den Viertürer jedenfalls zunächst mit einem Zuffenhausener 2,0-Liter-Triebwerk mit 110 PS und ebenfalls mit Fünfgang, der so 30.000 km lief. Er wurde dann weiterveräußert und mit einem 2,7-Liter mit 150 PS aufgerüstet. Nach einem erneuten Weiterverkauf bekam er schließlich den heute noch installierten 3,0-Liter des 911 SC von 1982, der 204 PS lockermacht. Das Auto (mit Ölkühler unter dem rechten Scheinwerfer) verfügt zudem über elektrisch verstellbare Ledersitze und einen 911-Instrumententräger. Das Fahrwerk wurde mittels Koni-Dämpfern und Breitreifen (185/70 VR 15) aufgewertet.

Der 412 Pick-up

Ein 2017 bei der Techno Classica aufgetauchter Pickup auf 412-Basis entpuppte sich als Unikat von 1973, das ein schwedisches Vater/Sohn-Gespann namens Mafy aufgebaut hatte. Das Fahrzeug wurde 2015 in Schweden angeboten, dritter Besitzer ist Gerrit Jan Kreeftenberg vom 912-Club der Niederlande (der den Wagen mit nach Essen gebracht hatte).

Die Ladefläche misst 105 x 125 x 25 cm. Vorn sind 195/65 x 14er und hinten 205/65 x 15er auf Dexstar-Rädern aufgezogen. Denn der Wagen verfügt über einen 123 PS bzw. 190 Nm starken 2,0-Liter-Motor mit zwei Dellorto-Doppelvergasern (basierend auf dem 1,7-Liter) sowie ein langes Viergang-Schaltgetriebe. Zur Höchstgeschwindigkeit meint der stolze Besitzer nur: »Schnell genug...«

Das Auto hatte zuvor zehn Jahre im Freien gestanden und war in schlechtem Zustand. Es musste komplett restauriert werden, wobei einige Blechteile nachzufertigen waren.

Nach diversen Umbauten werkelt im Maschineraum heute ein Dreiliter-Porsche-Boxer mit 204 PS. (Sammlg. Dr. Walde)

Der Umbau zum Pickup brachte der VW 412 schon 1973 hinter sich.

Den Umbau zum Lastentransporter nahm ein schwedischen Vater-Sohn-Duo vor.

Heute läuft dieser spezielle Typ 4 mit nun 123 PS in den Niederlanden, liebevoll gepflegt von Gerrit Kreeftenberg. (Kreeftenberg)

Sport-Einsätze

Motorsportliche Einsätze ab Werk waren nicht geplant. Dennoch gab es Typ-4-Modelle, die im Rennsport eingesetzt wurden, meist organisiert von den Importeuren, beispielsweise in Belgien oder in Südafrika. So rannten sportive 411 erfolgreich sowohl bei der Rallye Monte Carlo als auch beim Marathon de la Route.

Vor dem Typ 411 platzierten sich bei der Monte 1969 drei Porsche 911. Gegen diese Phalanx stand der Volkswagen auf verlorenem Posten. (McKlein)

Gijs van Lennep und Jooks Klein mit ihrem 90-PS-Coupé kamen bei der 1969er Rallye Monte Carlo auf den vierten Platz. (McKlein)

1968
Stiftung AutoMuseum Volkswagen

Kapitel 8: Viele Entwürfe, aber keine Alternative

Lange hatte Volkswagen am EA 158 gearbeitet, der zwischen dem etablierten Typ 3 und dem kommenden Typ 4 angesiedelt sein sollte. Ab 1962 hatte sich Pininfarina um das Projekt gekümmert und ein schickes Schrägheckfahrzeug kreiert. Er hatte ursprünglich auf dem EA 97 basiert, eigentlich einem Käfer-Ersatz, und war dann aufgrund seiner überzeugenden Pininfarina-Karosse eine Klasse höher gerutscht.

Ab 1968 lief er tatsächlich als künftiger Typ 5, mit Verweis auf den just vor der Einführung stehenden Typ 4: Angedacht war dann schon Ende 1968 der Wechsel auf einen wassergekühlten Vierzylinder-Reihenmotor vorn (M1 mit 1,4 Liter, M2 mit 1,6 Liter) für 1972/73. Für den Typ 4 war Ähnliches geplant. Man fragt sich heute, ob wirklich Platz für Typ 3, Typ 4 und Typ 5 auf dem Markt gewesen wäre...

EA 158, hier noch mit den ursprünglichen, eleganteren Solo-Scheinwerfern. (Sammlg. AutoMuseum)

Mit der Weiterentwicklung besagten, selbsttragend ausgelegten EA 158-Leichtbau-Aufbaus war 1964 die Firma Budd in Philadelphia beauftragt worden. Der Grund für diesen eigentlich unsinnigen Schritt war ein politischer: Amerikanische Autoritäten hatten die Deutschen dezent aufgefordert, angesichts des Käfer-Exporterfolgs nun endlich auch in den USA zu investieren. Ein heute wieder hochaktuelles Thema! Insgesamt entstanden 35 Versuchswagen mit luftgekühlten 1,3- und 1,5-Liter-Boxern (überwiegend hergestellt in Deutschland), einer davon gehört zur Sammlung des AutoMuseums.

Aber es hatte sich herausgestellt, dass die Entwicklungskosten der Amerikaner viel zu hoch lagen. Zudem gab es Streit mit Pininfarina, weil die ursprünglichen Solo-Scheinwerfer durch gestalterisch frag-

Heckpartie des EA 158, zunächst noch mit Heckmotor. (Klaus Gottschick)

würdige Doppelleuchten ersetzt worden waren. Nach Auslauf der Nullserie am 17. Februar 1969 wurde vorstandsseitig das Projekt beendet. Der Budd-Vertrag war bereits am 25. November 1968 gekündigt worden. Schon am 17. Januar 1969 war – endlich – die Vorstandsentscheidung gefallen, den EA 158 abzusetzen und die Arbeit daran einzustellen.

Der ungeliebte K70

Längst schon hatte die neue Konzern-Tochter NSU ein moderneres Konzept vorbereitet: den K70 (EA 297) mit vorn längs eingebautem Reihenvierzylinder, der freilich mit den Aggregaten von Audi, Porsche und Volkswagen gar nichts zu tun hatte. Gelegentlich wird dieses Auto der C-Klasse zugeordnet, was eher etwas mit der gewünschten Positionierung, nicht aber mit der Größe des Fahrzeugs zu tun hatte. Doch die Raumökonomie des K70 war unschlagbar gut – tatsächlich zielte er bereits in die große C-Klasse (Radstand wie Audi 100).

Unmittelbar vor seiner Erstvorstellung als NSU im März 1969 auf dem Genfer Automobilsalon wurde er von Konzernmutter Volkswagen gestoppt, denn am 21. Februar 1969 hatten NSU und Audi fusioniert. Tatsächlich hatte sich bereits ein NSU-Vorkommando in Genf befunden, und Pressemappen sowie Prospekte waren gedruckt worden. Doch nachdem Wolfsburg die Premiere abblies und alle vereinbarten Presse-Testfahrten (NSU hatte 30 Prototypen gebaut) platzten, hagelte es bitterböse Kommentare seitens der Presse, und wütende Leserbriefe überschwemmten die Redaktionen. Nach Erinnerungen von Zeitgenossen wäre der originale K70 völlig unausgegoren auf den Markt gebracht worden, die Reifezeit unter VW-Ägide hat dem Wagen spürbar gutgetan. Dennoch erwies sich der K70 nie als so solide, wie er es hätte sein sollen.

Mit reichlich Vorschusslorbeeren und hohem Bekanntheitsgrad versehen, erfolgte seine Markteinführung (interne Bezeichnung: Typ 48) dann erst zum Modelljahr 1971. Im November 1970 verließ der erste Volkswagen mit wassergekühltem Frontmotor die neuen Werksanlagen in Salzgitter. Die Normalausführung des K70 kostet DM 9450,–, die besser ausgestattete L-Version 340 Mark Aufpreis. Die ursprünglich ebenfalls fest geplante Kombi-Variante wurde dagegen mit Blick auf den Typ 4 Variant nicht weitergeführt. Der neue Wagen hatte allerdings angesichts aller anderen geplanten Entwicklungen eine sehr beschränkte Halbwertszeit, er galt nie als »echter« VW. Sonst hätte man den Typ 4 vielleicht schon eher gestrichen…

Der von NSU gekommene »Golf-Vater« Hans-Gerd Wenderoth kämpfte für den K70 und dessen neues Technikkonzept – dass VW beim K70 überhaupt mitgespielt hatte, war sicher auch sein Verdienst.

Und es gab gute Gründe für den Adoptiv-VW: Er bot eine gute Rundumsicht, eine relativ hohe Sitzposition, vier Türen, einen großen Kofferraum, eine dank Wasserkühlung erheblich wirksamere Heizung als bei allen anderen bisherigen VW-Modellen und ein zeitgemäß sachlich-dezentes Design von NSU-Formenzauberer Claus Luthe (1932 – 2008). Der K70, so die Wolfsburger in der Werbung, sei ein VW »für Leute, die etwas von Autos verstehen«. Doch die Begeisterung für den K70 wurde durch zahlreiche Detailmängel gedämpft. Schäden an den Antriebsgelenken, eine hakelige Schaltung und schief ziehende Bremsen galten als typische Schwachstellen. Tester monierten zudem den hohen Spritverbrauch, der zwischen 11 und 14, in Einzelfällen sogar 16 Litern auf 100 km kletterte.

Bereits zum Modelljahr 1972 erhielt der K70 deshalb zahlreiche Änderungen, zum Beispiel eine neue Getriebeübersetzung (90-PS-Version), die den Verbrauch senkte. Von außen an den Stoßfängern des Audi 100 zu erkennen, erhielt der NSU-VW ein Lenkrad mit Polsternabe und eine Einrichtung zur Abnahme von Motormesswerten per Computerdiagnose für die Wartung. Ab August 1972 wurde der K70 mit einer vorn weiter heruntergezogenen Motorhaube gebaut, die L-Modelle erhielten nun Halogen-Doppelscheinwerfer. Die 1973 bis 1975 gebauten Limousinen hatten 1,8-Liter-Motoren mit bis zu 100 PS in der S-Ausführung. Der neue Motorblock stammte aus dem VW/Audi-Regal, der nie so recht überzeugende NSU-OHC-Vierzylinder war ausgereizt.

Leiding hatte noch Ende 1971 versprochen: »Auch der K70 hat seine Freunde gefunden. Wir denken nicht daran, ihn einzustellen.« In der »Spiegel«-Story in Heft 48/1971 ließ der VW Vorstand außerdem verlauten: »Unter Beibehaltung der erfolgreichen technischen VW-Konzeption werden wir in Zukunft neben dem K70 mehr Fahrzeuge mit Frontantrieb und wassergekühlten Motoren haben.«

Mit 75, 90 und dann sogar 100 PS hat es die viertürige Stufenheck-Limousine gegeben, sie erreichte Leistungswerte wie kein VW zuvor. Aber entgegen aller Beteuerungen endete bereits Anfang 1975 (kurz nach Auslauf des Typ 4) nach 211.000 Exemplaren die Produktion zugunsten des Passat.

Extra für den K70 war das Werk Salzgitter gebaut worden, in dem dann ab 1973 auch der Typ 4 und ab 1973 der neue Passat vom Band liefen, bevor das Werk auf die Komponentenfertigung umstieg. Im Programm blieb der K70 aber nur bis 1974.

Lotz begründete später:

»Vieles, was später als Modellwirrwarr bezeichnet wurde, muss unter den damaligen Notwendigkeiten gesehen werden. Auch die Einführung des K70 erfolgte nur deshalb, weil wir schnell einen Mittelklassewagen mit wassergekühltem Motor haben wollten, um die Öffentlichkeit psychologisch an die veränderte Technik bei VW zu gewöhnen.«

Den K70 Kombi hatte NSU bereits fertig; nach der Übernahme wurde aber das Projekt gestoppt, um dem Typ 4 Variant nicht auch noch intern Konkurrenz zu machen. (Archiv Audi AG)

Ein großer Volkswagen, aber kein VW: Der K70 L war eine NSU-Entwicklung. (Volkswagen Classic)

VW 411 und K70 liefen parallel in Salzgitter vom Band. Der K70 durfte jedoch den Typ 4 nicht ersetzen. (Schwab/Sammlg. Kuch)

Der ESVW I

Mit erheblicher Unterstützung der US-Behörden wurden eine Reihe von Fahrzeugen unterschiedlicher Hersteller gefördert, die als Vorreiter beim Thema aktive/passive Sicherheit dienen sollten. Volkswagen baute daraufhin im Jahr 1971 den Experimental Safety VW (ESVW) auf, dem weitere Entwicklungen auf Basis von Golf, Jetta und Passat folgen sollten. Der von Herbert Schäfer gezeichnete, voll fahrbereite ESVW I war gleichzeitig für den Einstieg in die C-Klasse ausgelegt.

Das 4730 mm lange Fahrzeug (Radstand 2800 mm) überzeugte durch seine Zeitlosigkeit und Ausgewogenheit, auch wenn hier weiterhin ein 100 PS starken Boxermotor (2,0 Liter) im Heck werkelte. Dazu Ernst Fiala: »Unsere Kollegen hatten mit dem Einbau eines Reihenvierzylinders vorn geliebäugelt. Aber crashtechnisch hätte uns das große Herausforderungen beschert. Wir fühlten uns glaubwürdiger mit einem

Der ESVW I von 1971 und seine für Audi angedachte Ableitung mit modernem Frontmotor. Beide Modelle finden sich in der Sammlung des AutoMuseums.

Die US-amerikanische Verkehrsbehörde initiierte 1968 ein Programm zur Entwicklung von Experimental-Sicherheits-Fahrzeugen (ESV), in dessen Folge 1970 bis 1973 diverse Forschungsfahrzeuge entstanden. VW präsentierte sein Konzept 1971. (Schwab/Sammlg. Kuch)

Heckmotor, galten wir doch damals noch weltweit als Käfer-Company.« Auf jeden Fall wurden die cW-Werte ermittelt: 0,36 für die Frontantriebs-Version, 0,34 für den Heckmotor-Wagen.

Tatsächlich erwog aber die frischgebackene Konzernmutter Volkswagen, dieses Auto mit Frontmotor an Audi zu geben, es sollte der Audi 100 zweiter Generation (C2) werden. Überlebt haben nur 1: 4 Modelle; ob es tatsächlich Frontmotor-Varianten in 1 : 1 gab, konnte bislang nicht geklärt werden. Schaut man sich den C2 näher an, zeigt sich aber die unverkennbare Ähnlichkeit zum Wolfsburger Original.

Die wirtschaftlichen Probleme vom Anfang der 70er-Jahre sorgten schließlich für den Stopp des ambitionierten Oberklasse-Projekts von Volkswagen. Aber wäre so ein Auto mit dem Markennamen Volkswagen von der Kundschaft tatsächlich angenommen werden? Das darf bezweifelt werden – wie schon beim EA 128 aus den 60ern, der ebenfalls sinnvollerweise nicht in Serie ging. Noch war der Riese in Wolfsburg nicht soweit, gegen die sogenannten Premiummarken anzugehen.

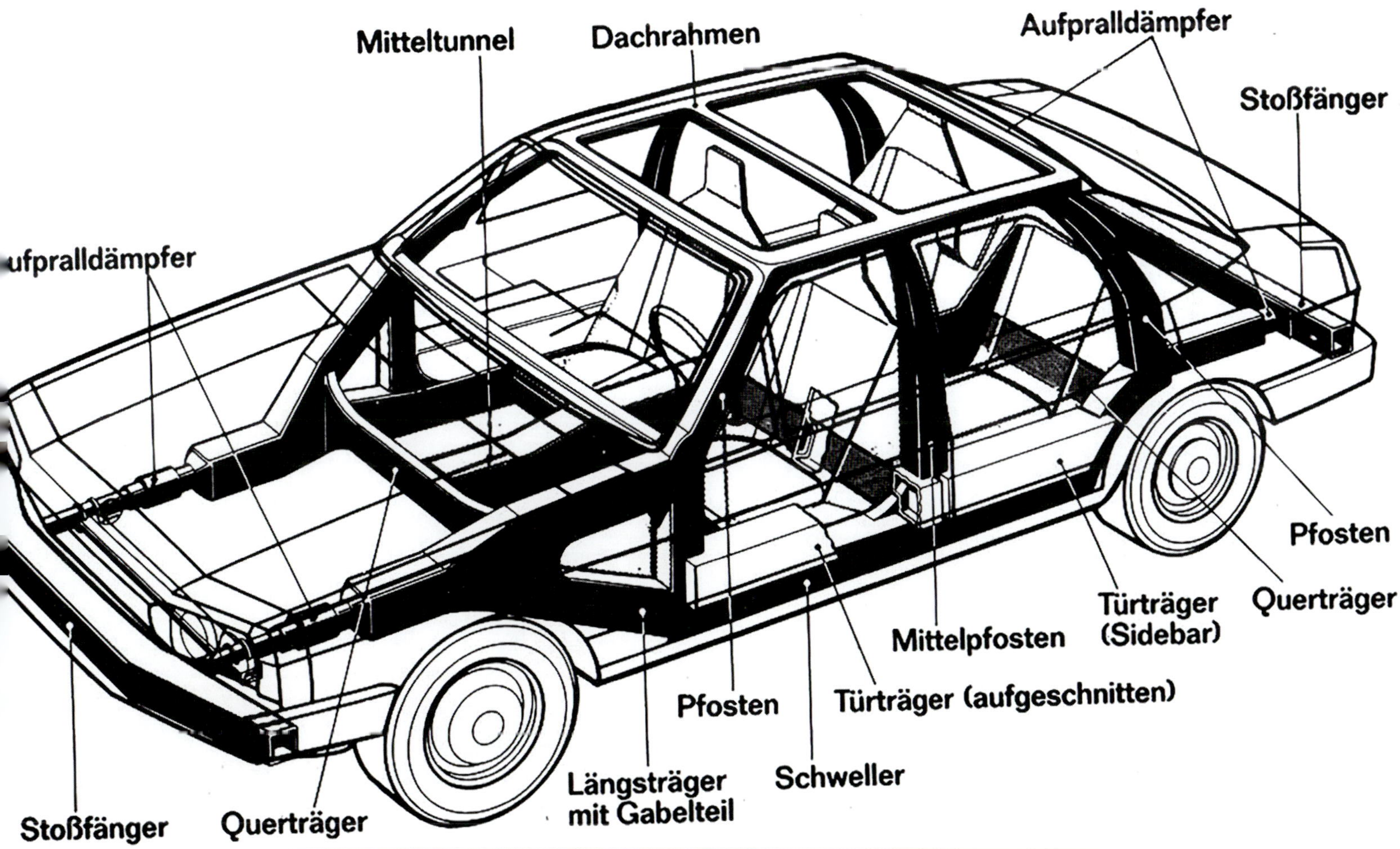

Sicherheit sichtbar gemacht: Die Fortschritte in der Verbesserung der Insassensicherheit wären ohne Versuchsträger wie den ESW 1 nicht möglich gewesen. (Volkswagen)

Epilog: Die Zukunft gehört den Wassergekühlten

Im August 1966 hatte Nordhoff in einer Vorstandsitzung seine Ideen für die nahe Zukunft vorgestellt: Er wünschte ein »Dreierprogramm« mit je einem Wagen der Preisklassen 5000 DM / 6000-7000 DM / 8000-9000 DM. Der Einfachheit halber bezeichnete man dieses neue, hierarchisch aufgebaute Programm mit den Buchstaben A, B und C.

Neue Klassen, neue technische Konzepte

Für Nordhoff war aber auch klar: »Ich habe den Lieferwagen [also den Transporter Typ 2] und den heutigen Typ 1 ausgelassen, weil ich glaube, dass wir auf lange Zeit gar nicht anders können, als den Typ 1 mit höchstens zwei Motoren weiterzubauen, weil bestimmte Gebiete auf diese Konstruktion angewiesen sind.« Ob mit »Gebieten« interne Strukturen oder geografische Situationen gemeint waren, blieb offen. Für die große Klasse – C-Klasse – tat sich jedoch bereits etwas, nämlich bei der künftigen Konzerntochter Audi in Ingolstadt.

Nach Nordhoffs Tod wurden im Mai 1969 den Mitgliedern des Aufsichtsrats und Politikern der niedersächsischen Landesregierung einige Modellstudien zu den neuen Typenreihen vorgeführt. Sie stammten von Porsche, Volkswagen, Audi/Auto Union sowie Bertone, Ghia und Pininfarina.

Man mag sich fragen, warum nicht nur Porsche, sondern von Anfang an auch Audi respektive die Auto Union in diese Pläne einbezogen wurden. Die Antwort ist ganz einfach: Volkswagen hatte stufenweise von 1965 bis 1966 die darbende Ingolstädter Firma übernommen, die 1958 zunächst an Daimler-Benz gegangen war.

Ungeachtet der dortigen Zweitakt-Tradition hatte sich Audi mit einem neuen Viertakt-Motor (M118) und dem in die C-Klasse zielenden Modell 100 mittlerweile freigeschwommen – und verfügte über ein durchsetzungs- und überzeugungsstarkes Management mit Audi-Entwicklungschef Ludwig Kraus (1911 – 1997) und Vorstandschef Rudolf Leiding. VW-Manager Carl Hahn (*1926) über das Zustandekommen des Audi 100: »Es ist der nie gewürdigte – noch irgendwo auch nur erwähnte Verdienst – von Kurt Lotz, dass der F104 als Audi unter dem Markennamen Audi 100 überhaupt das Licht der Öffentlichkeit erblickte.«

»Die Studien wurden einhellig anerkannt und gelobt«, erinnerte sich Leiding-Vorgänger Kurt Lotz ohne damals aber zu verhehlen, dass »unsere Doppelstrategie ungewöhnlich hohe Investitionen kosten würde« und »ein Gewinnrückgang bis zum Markteintritt der Neuen zu erwarten sei.« Erst ab 1975 rechnete er mit einer entscheidenden Ergebnisverbesserung. Das war mutig, denn wer so etwas verkündete, konnte sich seines Postens nicht mehr sicher sein. Lotz räumte seinen Stuhl dann auch im Herbst 1971.

Umstrittener Generationswechsel

1966/67, also eineinhalb Jahre vor dem Tode Nordhoffs, war erstmals in einer Vorstandsitzung angesprochen worden, dass die neue A-Generation (Käfer-Nachfolge) wassergekühlte Motoren und vermutlich Frontantrieb haben müsse. Letzteres war aber damals auch intern noch hart umstritten. Porsche schlug für diese sogenannte A-Klasse den EA 266

vor, eine unverwechselbare Konstruktion mit Unterflurmotor und im Hause als zwingend erachtet wegen der »Eigenständigkeit auf den Märkten«. Am 29. August 1968 wurde das Entwicklungsbudget für Porsche aufgestockt, während der Käfer parallel weitergebaut werden sollte, wenn auch künftig mit vergrößertem Gepäckraum (VW 1302/1303).

Lotz resümierte: »Es war bitter feststellen zu müssen, dass das Werk in den Zeiten hoher Gewinne zu wenig für die Zukunftssicherung investiert hatte. Wir sahen aber in den neuen Wagen die einzige Überlebenschance für Volkswagen. Wir entschlossen uns darum, jedes Jahr ein neues Modell zu bringen und so die Investitionen über Jahre zu strecken.«

Andererseits sah die Unternehmenspolitik ab 1970 vor, dass VW und Audi als getrennte Marken mit eigenen Baureihen in den A- und B-Segmenten auftreten sollten. Äußerlich sollten sich die Fahrzeuge vor allem dadurch unterscheiden, dass VW mit Fließheck und Heckklappe kam, während Audi ein Stufenheck aufwies. Audi sollte ein sportlicheres Image und mehr Komfort als VW aufweisen und preislich höher liegen. Das Wichtigste: Die Typenreihen sollten jedoch so viele Gleichteile wie möglich nutzen.

Aber für die Einführung der neuen Modelle und die gleichzeitige Umstrukturierung war im Spitzenjahr ein Finanzbedarf von fast zwei Milliarden Mark aufzubringen. Allein die Einführung eines Käfer-Nachfolgers, der wesentliche Teile der bestehenden Fertigungseinrichtungen nutzen sollte, hätte bei nur 3000 Ex./Tag etwa eine Milliarde Mark gekostet! Zum Vergleich: 1970 lief der Käfer mit 4000 Stck./Tag von den Bändern.

Eines der Probleme bei Volkswagen bestand darin, dass für wassergekühlte Motoren völlig andere Fertigungseinrichtungen erforderlich waren als für luftgekühlte Aggregate. Das Werk Hannover ließ sich nicht erweitern, aber das Team von Produktionsvorstand Otto Höhne (1919 – 2000) erarbeitete einen Plan, nachdem die Umstellung auf die neuen Triebwerke ohne Produktionsstilllegung durchgeführt werden konnte – so entstand mit Hilfe von Landessubventionen das Werk Salzgitter, das zudem als »Drehscheibe« dienen sollte.

Die strategische Neuausrichtung betreffend A- und B-Klasse und auch die Umstellung auf neue Motoren und Getriebe war noch bis Anfang der 70er heftig umstritten. Das führte zu teuren Doppelentwicklungen innerhalb des Konzerns. So wurde noch 1969/70 intensiv an eigenständigen VW-Motoren entwickelt, während Audi an seinem EA 827 festhielt, der sich schließlich als Konzern-Einheitsmotor durchsetzte. Verworfen wurden die Wolfsburger Triebwerke EA 288 (»Deutsch-Motor« mit 100 mm Stichmaß und bis zu 2,0 Liter Hubraum) und der EA 323 (»Hiestermann-Motor« mit 92 mm Zylindermittenabstand und bis 1,6 Liter, gedacht als Basistriebwerk für den Golf).

Ungeachtet aller Querelen liefen die von luftgekühlten Boxermotoren angetriebenen Käfer, Typ 2, Typ 3 und Typ 4 weiter vom Band. VW wäre nicht VW gewesen, wenn man gerade die großen Luftgekühlten nicht trotz des bevorstehenden Endes weiterentwickelt hätte.

Die von Pininfarina begonnene und von Giugiaro gründlich überarbeitete EA 272-Studie des Passat-Vorläufers (heute im AutoMuseum) hat noch einen querinstallierten EA 288 (2,0 Liter, 80 bis 100 PS) unter der Haube und galt intern als »Großer Golf«. Laut VW Akten erging der Auftrag für die Design-Adaption des 272 an Ital Design-Chef Giorgio Giugiaro am 29. Juni 1971. Dessen Wirken für Volkswagen kann gar nicht hoch genug eingeschätzt werden. Aber das ist eine andere Geschichte, die erst nach dem Auslauf von Typ 3 und Typ 4 richtig Fahrt aufnahm.

Probeweise aufgebaute Golf-Vorläufer EA 276, EA 142-4 und EA 266 bis 1970/71. (Sammlg. AutoMuseum)

Anhang

Der Typ 3 in Zahlen
Fertigung, Export, Farben und Technik

Der Typ 3 war immerhin 13 Jahre im Programm. Es blieb bei den grundsätzlich zweitürigen Karosserieausführungen mit Stufen- und Schrägheck sowie als Variant. Sowohl vom Typ 3 als auch vom KG Typ 34 gab es im Laufe der Jahre – beim Typ 3 bis zum Langschnauzer – einige Sondermodelle. Deren Kennzeichen waren vor allem modifizierte Zierleisten an der Flanke, Radzierlaufleisten, ein anderes Lenkrad sowie andere Außenfarben.

Der Typ 3 im Ausland und im Export

Zwischen 1961 und 1974 entstanden laut Volkswagen Chronik 2.588.989 Typ 3, die Verkaufszahl lag bei 2.609.847 Einheiten. Die Zahlen enthielten – aber nicht in allen Fällen – die CKD-Lieferungen sowie den Karmann-Ghia Typ 34. Dies mag die auffällige Differenz erklären.

Jahr	Typ 3	Produktion	Verkauf
1961	VW 1500	10.663	9 997
1962	VW 1500	127.324	126.033
1963	VW 1500	181.809	182.463
1964	VW 1500	262.020	261.843
1965	VW 1500	261.915	260.041
1966	VW 1500	311.701	277.808
1967	VW 1500	201.800	223.480
1968	VW 1600	244.427	245.930
1969	VW 1600	267.358	266.452
1970	VW 1600	272.031	278.883
1971	VW 1600	234.224	228.438
1972	VW 1600	157.543	167.274
1973	VW 1600	56.174	81.157
1974	VW 1600		48
Gesamt		2.588.989	2.609.847

Komplettzahlen Produktion und Absatz für den Typ 3 (incl. Karmann Typ 34), basierend auf VW-Archivunterlagen. (Valentini)

Neben der Produktion in Wolfsburg gab es weitere acht Montage- und Fertigungsstandorte weltweit, die insgesamt rund 100.000 Fahrzeuge montierten. Es ging immer im eine CKD-Fertigung mit angelieferten Baugruppen, eine echte Rohbau-Fertigung existierte nicht außerhalb Niedersachsens. Allerdings setzten einige Länder darauf, Teile im Land herzustellen und so Wertschöpfung vor Ort und damit auch Steuervorteile zu erzielen.

Der größte Auslandsproduzent agierte in Australien: 1964 war im dortigen Volkswagen-Zweigwerk Clayton (bei Melbourne/Victoria) die

Produktion des VW 1500 wie auch des Variant angelaufen. Zunächst betrug der »local content«, also der Anteil der Teile aus australischer Produktion, nicht mehr als 30 Prozent, vergrößerte sich dann aber rasch: Beim VW Transporter, der seit den 50er-Jahren auf dem Fünften Kontinent montiert wurde, lag dieser Anteil bei bereits 80 Prozent. Eine ähnliche Größenordnung war auch im Typ-3-Fall angestrebt. Insgesamt entstanden in Australien 26.771 Limousinen und 20.421 Variant.

Fast gleichzeitig begann VW Australasia auch mit der Aggregateaufbereitung. Die VW-Motoren, die überholt werden mussten, waren bis dahin nach Kassel geschickt und dort aufgebaut worden. Das konnte nun vor Ort in Australien erfolgen; 250 Austauschmotoren im Monat, so ließ man wissen, könnten so hergestellt werden.

Zweitgrößter Auslandsproduzent war das VW-Werk in Uitenhage/Südafrika, wo von 1963 bis 1969 insgesamt 38.232 Typ 3 (19.896 Limousinen und 1600 TL sowie 18.336 Variant) entstanden. Weitere Montagewerke befanden sich in Irland, Venezuela, Peru, im Irak, auf den Phillipinen und in West-Samoa.

Über die Hälfte aller rund 2,6 Millionen Typ 3 verließen Deutschland. An erster Stelle unter den Exportländern lag die USA mit rund 600.000 Stück: Nach Amerika einschließlich den USA lieferte Volkswagen 258.730 Typ 3 Limousinen und 442.144 Variant. 1962 waren laut des amerikanischen »Consumer Reports« die ersten VW 1500 nach Kanada gekommen, einige davon erreichten über »von der VW-Verkaufsorganisation unabhängige Absatzwege« die USA. Das Branchenblatt verglich den Typ 3 mit dem Vauxhall Victora und bescheinigte ihm guten Chancen in den USA (wobei die damals vom freien Händler verlangten 2400 Dollar zu hoch schienen und die Zweitürigkeit bemängelt wurde).

Weitere Typ 3 gingen zwischen 1961 und 1974 in insgesamt 171 Länder, darunter beispielsweise Peru mit 3017 Einheiten, aber auch China mit einem einzigen Auto. In europäische Staaten gelangten 313.021 Fahrzeuge. Auch einige Ostblockstaaten (Jugoslawien, Polen, Tschechoslowakei, Rumänien und Ungarn) gehörten zu den Exportländern. Erstaunlicherweise wurden sogar Inseln wie Fidschi, Neuguinea oder Polynesien beliefert.

Standort	Limousine	Variant
Irland	2484	2148
Südafrika	19.896	18.336
Venezuela	3000	1848
Peru	444	420
Philippinen	1980	516
Irak	1671	741
Australien	26.771	20.421
West Samoa	6	9
Summe	56.252	44.439
Gesamt		100.691

CKD-Montagewerke und Stückzahlen. (Valentini)

Rang	Land	Limousine	Variant	Gesamt	Verteilung Lim./Var. (%)
1	USA	214.974	397.981	612.955	35/65
2	Schweden	54.671	45.509	100.180	55/45
3	Niederlande	52.563	34.970	87.533	60/40
4	Belgien	48.097	16.685	64.782	74/26
5	Kanada	31.115	28.711	59.886	52/48
6	Schweiz	29.472	25.838	55.310	53/47
7	GB inkl. Nord Irland	31.931	23.269	55.209	58/42
8	Australien	29.068	21.490	50.558	57/43
9	Österreich	22.211	21.831	44.042	50/50
10	Südafrika	19.936	18.415	38.351	52/48
11	Dänemark	19.447	17.405	36.852	53/47

Verkauf in die wichtigsten Absatzländern ab 30.000 Einheiten. (Valentini)

Wie für alle Volkswagen waren die Niederlande auch für den Typ-3-Export wichtig. Natürlich standen diese Modelle im Mittelpunkt des VW-Standes auf der Automesse RAI 1967. Sie waren dicht umlagert. (Anefo)

Die Farben

Das Spektrum der verfügbaren Farben war überaus breit. Wer eine Zweifarb-Lackierung orderte (unterschiedlich colorierter Karosseriekörper/Dach) zahlte beispielsweise 1963 einen Aufpreis von DM 85,-. Zudem gab es die Möglichkeit, gegen den Minderpreis von 50 Mark das Fahrzeug nur grundiert zu erwerben, um es anschließend individuell gestalten zu lassen.

	Modelljahr		1961	1962	1963	1964	1965	1966	1967	1968	1969	1970	1971	1972	1973
Position	**Farbe**	**Farbcode**													
1	Texasgelb	L10B												•	•
2	Shantunggelb	L12D											•		
3	Leuchtorange	L20B										•		•	•
4	Clementine	L20D											•		
5	Königsrot	L30A									•	•			
6	Kansasrot	L30B												•	
7	Iberischrot	L31F											•		•
8	Schwarz	L41	•	•	•	•	•	•	•	•	•	•	•	•	
9	Diamantblau	L50B									•	•			
10	Saphirblau	L50D											•		
11	Regattablau	L50F								•					
12	Enzianblau	L51B												•	
13	Marinablau	L54D											•	•	•
14	Perugrün	L60B								•	•				
15	Ulmengrün	L60D										•	•		
16	Sumatragrün	L61B												•	
17	Tiefseegrün	L66B								•	•	•	•		
18	Chinchilla	L70F									•	•			
19	Perlweiß	L87	•	•	•	•	•	•	•						
20	Togaweiß	L90C								•					
21	Pastellweiß	L90D										•	•	•	•
22	Kansasbeige	L91D											•	•	
23	Türkismetallic	L95B												•	•
24	Silbermetallic	L96D										•	•	•	
25	Geminimetallic	L96E											•	•	
26	Coloradometallic	L97D										•	•	•	
27	Braunmetallic	L98D										•			
28	Lotusweiß	L282								•					
29	Seeblau	L360				•	•								
30	Golfblau	L390	•	•	•										
31	Rubin	L496	•	•	•	•	•								
32	Anthrazit	L469		•	•										
33	Birkengrün	L511		•	•	•									
34	Samtgrün	L512					•								
35	Balticblau	L539					•	•	•						
36	Safaribeige	L563					•	•							
37	Seesand	L568						•	•	•					
38	Nutria	L575				•									
39	Deltagrün	L610						•	•						
40	Savannabeige	L620								•	•	•			
41	Kobaltblau	L630									•	•			
42	VW-Blau	L633						•	•	•					
43	Granadarot	L650						•	•	•					
	Satarabeige														•
	Biscayablau														•
	Achatbraunmetallic														•
	Alabastermetallic														•
	Macarametallic														

Die Farben waren – bis auf Ausnahmejahre – sowohl für Luxus- als auch für Standardmodelle (hier nur für einfarbige Ausführungen) verfübar. (Klein, Überarbeitung Kittler)

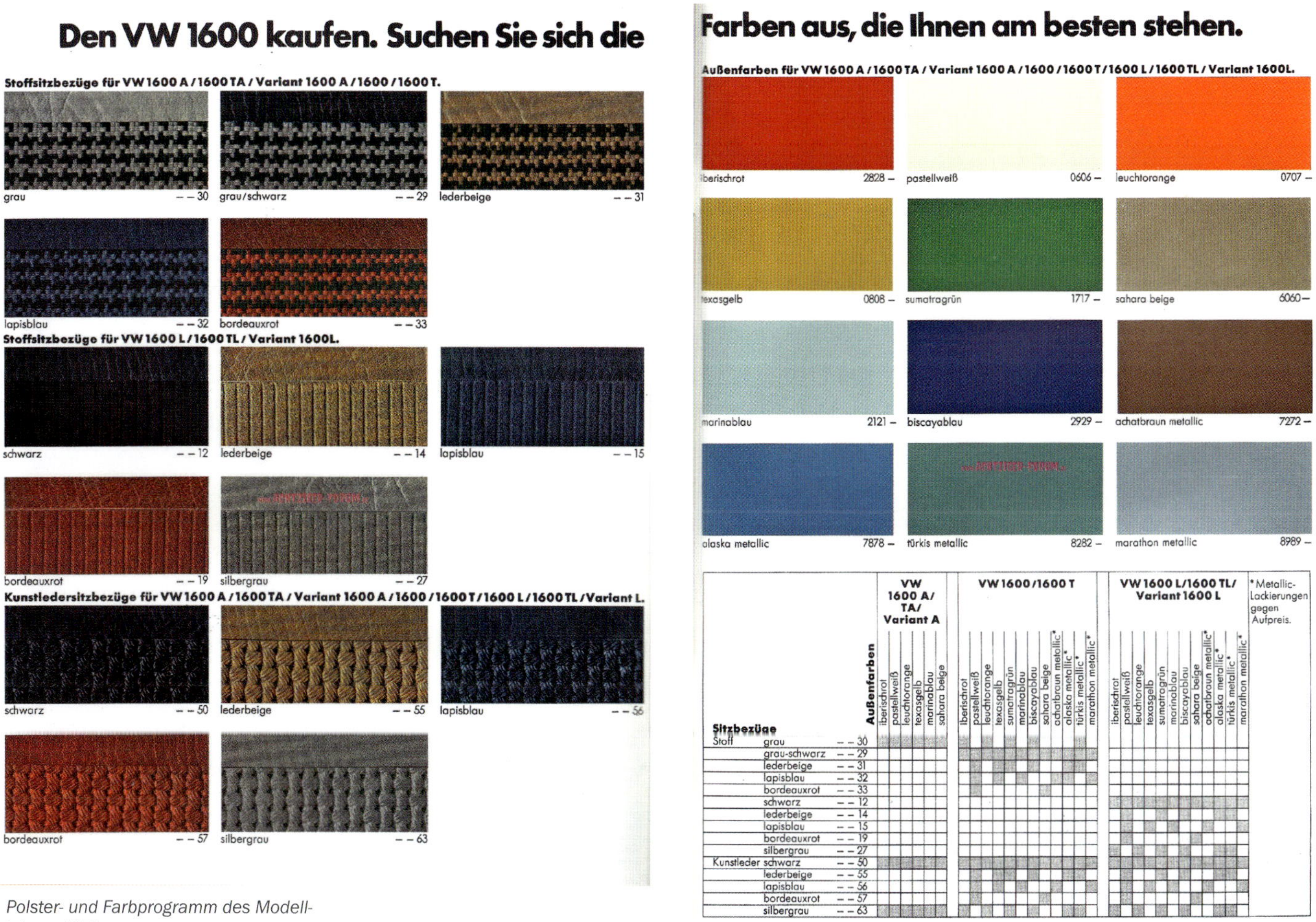

Polster- und Farbprogramm des Modelljahres 1972.

Farbprogramme 1964

VW 1500 N Limousine/ VW Variant N

schwarz rubin seeblau perlweiß safaribeige seesand samtgrün baltioblau

VW 1500 S Limousine/VW Variant S

schwarz	seeblau	safaribeige/schwarz	samtgrün
schwarz/perlweiß	seeblau/blauweiß	safaribeige/perlweiß	samtgrün/schwarz
rubin	perlweiß	seesand	samtgrün/perlweiß
rubin/schwarz	perlweiß/schwarz	seesand/schwarz	balticblau
rubin/perlweiß	safaribeige	seesand/perlweiß	balticblau/schwarz

Volkswagen 1500 Karmann-Ghia-Coupé

bermuda	kirschrot	roulettegrün	fontanagrau
bermuda/cobaltblau	kirschrot/fontanagrau	roulettegrün/fontanagrau	fontanagrau/rauchgrau
bermuda/schwarz	kirschrot/schwarz	roulettegrün/schwarz	fontanagrau/cobaltblau
rauchgrau	kirschrot/perlweiß	roulettegrün/perlweiß	fontanagrau/schwarz
rauchgrau/fontanagrau	kirschrot/beigegrau	roulettegrün/blauweiß	seeblau
rauchgrau/perlweiß	hennarot	arconaweiß	seeblau/schwarz
rauchgrau/beigegrau	hennarot/fontanagrau	arconaweiß/rauchgrau	seeblau/blauweiß
	hennarot/schwarz	arconaweiß/schwarz	seesand
	hennarot/perlweiß	manilagelb	seesand/rauchgrau
	hennarot/beigegrau	manilagelb/schwarz	seesand/schwarz
			seesand/perlweiß

Das Farbprogramm 1964 für Typ 3 und Karmann-Ghia Typ 34. (Volkswagen/ Sammlg. Klein)

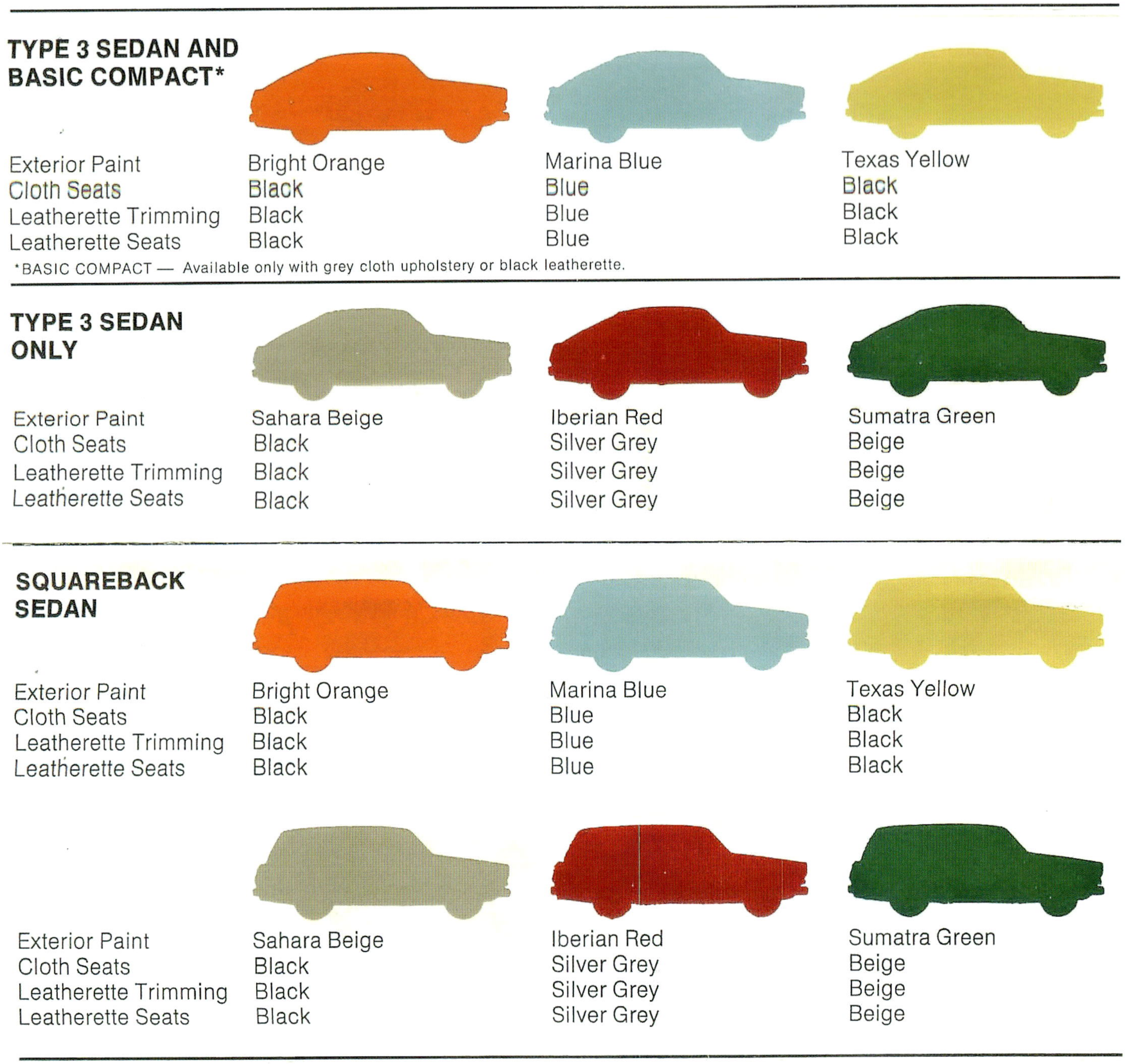

TYPE 3 SEDAN AND BASIC COMPACT*

Exterior Paint	Bright Orange	Marina Blue	Texas Yellow
Cloth Seats	Black	Blue	Black
Leatherette Trimming	Black	Blue	Black
Leatherette Seats	Black	Blue	Black

*BASIC COMPACT — Available only with grey cloth upholstery or black leatherette.

TYPE 3 SEDAN ONLY

Exterior Paint	Sahara Beige	Iberian Red	Sumatra Green
Cloth Seats	Black	Silver Grey	Beige
Leatherette Trimming	Black	Silver Grey	Beige
Leatherette Seats	Black	Silver Grey	Beige

SQUAREBACK SEDAN

Exterior Paint	Bright Orange	Marina Blue	Texas Yellow
Cloth Seats	Black	Blue	Black
Leatherette Trimming	Black	Blue	Black
Leatherette Seats	Black	Blue	Black

Exterior Paint	Sahara Beige	Iberian Red	Sumatra Green
Cloth Seats	Black	Silver Grey	Beige
Leatherette Trimming	Black	Silver Grey	Beige
Leatherette Seats	Black	Silver Grey	Beige

Die Farben für den US-Markt 1973. (Volkswagen/Sammlg. Dr. Walde)

Von 8/65 bis 7/66 gab es einige Innenausstattungsteile wie Armaturenbrettpolster oben und unten, Lenkrad, Blinkerhebel, Polsterleisten auf Türen und hinteren Seitenteilen, Sitzgestelle und weitere Kleinteile in den Farben Teak (bräunlich) und Pigalle (rötlich). Vorher, nachher und auch während dieser Zeit waren diese Teile bei allen anderen gewählten Farben immer schwarz bzw. grau.

Die beliebteste Farbe der Modelljahre 1962 und 1963 war Perlweiß, zuerst entfielen darauf 51 %, dann 42 % aller Bestellungen.

Die Technik

	1500	1500 N	1500 S	1500 A
	Lim/Variant	Lim/Variant	Lim/Variant	Lim/Variant
Bauzeit	1961 – 1963/1962-1963	1963 – 1965	1963 – 1965	1965 – 1966
Motor	Vierzylinder-Boxer (flach), Viertakt, zweiteil. Kurbelgehäuse (LM), Grauguss-Zylinder, Leichtmetall-Kopf	Vierzylinder-Boxer (flach), Viertakt zweiteil. Kurbelgehäuse (LM), Grauguss-Zylinder, Leichtmetall-Kopf	Vierzylinder-Boxer (flach), Viertakt zweiteil. Kurbelgehäuse (LM), Grauguss-Zylinder, Leichtmetall-Kopf	Vierzylinder-Boxer (flach), Viertakt zweiteil. Kurbelgehäuse (LM), Grauguss-Zylinder, Leichtmetall-Kopf
Hubraum (cm^3)	1493	1493	1493	1493
Bohrung x Hub (mm)	83 x 69	83 x 69	83 x 69	83 x 69
Leistung (PS/kW) bei /min	45/33 bei 3800	45/33 bei 3800	54/40 bei 4200	45/33 bei 3800
Max. Drehmoment (Nm) bei /min	106 bei 2000	106 bei 2000	129 bei 3400 opt. auch 45 PS/Einvergaser	106 bei 2000 opt. auch 54 PS/Zweivergaser
Verdichtung	7,2; ab 8/1962: 7,8	7,5	8,5	7,5
Gemischaufbereitung	ein Flachstromvergaser Solex 32 PHN Startautomatik (beheizt)	ein Flachstromvergaser Solex 32 PHN-1 Startautomatik (beheizt)	zwei Fallstromvergaser Solex 32 PDSIT Startautomatik (beheizt)	ein Flachstromvergaser Solex 32 PHN Startautomatik (beheizt)
Ventile pro Zylinder	2 (ohv)	2 (ohv)	2 (ohv)	2 (ohv)
Ventilsteuerung	zentrale Nockenwelle, Stoßstangen u. Kipphebel, Stirnräder	zentrale Nockenwelle, Stoßstangen u. Kipphebel, Stirnräder	zentrale Nockenwelle, Stoßstangen u. Kipphebel, Stirnräder	zentrale Nockenwelle, Stoßstangen u. Kipphebel, Stirnräder
Kurbelwellenlager	4	4	4	4
Kühlung	Gebläse (Luft)	Gebläse (Luft)	Gebläse (Luft)	Gebläse (Luft)
Schmierung	Druckumlauf (2,5 L Öl), Ölkühler	Druckumlauf (2,5 L Öl), Ölkühler	Druckumlauf (2,5 L Öl), Ölkühler	Druckumlauf (2,5 L Öl), Ölkühler
Batterie	6 V 77 Ah (unter Rücksitz)	6 V 77 Ah (unter Rücksitz)	6 V 77 Ah (unter Rücksitz)	6 V 77 Ah (unter Rücksitz), ab 08/1966: 12 V 36 od. 45 Ah (unter Rücksitz)
Lichtmaschine	Gleichstrom 200 W	Gleichstrom 200 W	Gleichstrom 200 W	Gleichstrom 200 W, ab 08/1966: 360 W
Anlasser	0,6 PS	0,6 PS	0,6 PS	0,6, ab 08/1966: 0,7 PS
Kraftübertragung	Heckantrieb Motor hinter, Getriebe vor Hinterachse	Heckantrieb Motor hinter, Getriebe vor Hinterachse	Heckantrieb Motor hinter, Getriebe vor Hinterachse	Heckantrieb Motor hinter, Getriebe vor Hinterachse
Kupplung	Einscheibentrocken	Einscheibentrocken	Einscheibentrocken	Einscheibentrocken
Schaltung	Schaltstock in Wagenmitte	Schaltstock in Wagenmitte	Schaltstock in Wagenmitte	Schaltstock in Wagenmitte
Getriebe	Viergang manuell	Viergang manuell	Viergang manuell	Viergang manuell
Synchronisierung	I – IV	I – IV	I – IV	I – IV
Übersetzungen	I. 3,80 – II. 2,06 – III. 1,32 – IV. 0,89	I. 3,80 – II. 2,06 – III. 1,32 – IV. 0,89	I. 3,80 – II. 2,06 – III. 1,32 – IV. 0,89	I. 3,80 – II. 2,06 – III. 1,32 (ab 08/1966: 1,26) – IV. 0,89,
Antriebsübersetzung	4,125	4,125	4,125	4,125
Fahrwerk				
Aufbau-Art	Zentralrohr-Plattformrahmen, Ganzstahlkaross.	Zentralrohr-Plattformrahmen, Ganzstahlkaross.	Zentralrohr-Plattformrahmen, Ganzstahlkaross.	Zentralrohr-Plattformrahmen, Ganzstahlkaross.
Vorderrad-Aufh.	Kurbellenker oben/unten zwei gekreuzte Quer-Federstäbe, Teleskopstoßd. Stabi	Kurbellenker oben/unten zwei gekreuzte Quer-Federstäbe, Teleskopstoßd. Stabi	Kurbellenker oben/unten zwei gekreuzte Quer-Federstäbe, Teleskopstoßd. Stabi	Kurbellenker oben/unten, zwei gekreuzte Quer-Federstäbe Teleskopstoßd. Stabi
Hinterrad-Aufh.	Pendelachse, Längslenker, zwei Quer-Federstäbe, Teleskopstoßd.	Pendelachse, Längslenker, zwei Quer-Federstäbe, Teleskopstoßd. Ausgleichsfeder bei Variant m. höherer Nutzlast	Pendelachse, Längslenker, zwei Quer-Federstäbe, Teleskopstoßd. Ausgleichsfeder bei Variant m. höherer Nutzlast	Pendelachse, Längslenker, zwei Quer-Federstäbe, Teleskopstoßd. Ausgleichsfeder bei Variant m. höherer Nutzlast
Lenkung	Schnecke/Rolle (14,9 : 1)	Schnecke/Rolle (14,9 : 1)	Schnecke/Rolle (14,9 : 1)	Schnecke/Rolle (14,9 : 1)
Bremsen vorn/hinten (mm)	Hydraulik (Einkreis), Trommeln (ø=231 mm; B=50/40), Bremsfl. 830 cm^2, ab 08/1962: 50/45, Bremsfl. 880 cm^2	Hydraulik (Einkreis), Trommeln (ø=248 mm; B=50/45), Bremsfl. 960 cm^2	Hydraulik (Einkreis), Trommeln (ø=248 mm; B=50/45), Bremsfl. 960 cm^2	Hydraulik (Einkreis), Trommeln (ø=248 mm) Bremsfl. 960 cm^2

Allg. Daten				
Radstand (mm)	2400	2400	2400	2400
Spurweite vorn/hinten (mm)	1310/1346	1310/1346	1310/1346	1310/1346
Außenmaße (mm)	Lim.: 4225 x 1605 x 1475; Variant: 4225 x 1605 x 1465	Lim.: 4225 x 1605 x 1475; Variant: 4225 x 1605 x 1465	Lim.: 4225 x 1605 x 1475; Variant: 4225 x 1605 x 1465	Lim.: 4525 x 1605 x 1475; Variant: 4525 x 1605 x 1465
Kofferraum (L)	Lim.: 180 + 200; Variant: 180 + 700	Lim.: 180 + 200; Variant: 180 + 700	Lim.: 180 + 200; Variant: 180 + 700	Lim.: 180 + 200; Variant: 180 + 700
Tankinhalt (L)	40 (vorn)	40 (vorn)	40 (vorn)	40 (vorn)
Räder	4.5 J x 15	4.5 J x 15	4.5 J x 15	4.5 J x 15
Reifen	6.00 – 15 L	6.00 – 15 L	6.00 – 15 L	6.00 – 15 L4 PR, ab 1967 a.W. 165 SR 15
Wendekreis (m)	11,3	11,3	11,3	11,3, ab 08/1969: 11,6
Bodenfreiheit (cm)	15; Variant: 14	15; Variant: 14	15; Variant: 14	15; Variant: 14
Leermasse (kg)	Lim.: 880 (1961), Variant: 910 (mit erhöhter Nutzlast: 920) (1962)	Lim.: 880 (ab 08/1964: 910) Variant: 910 , ab 08/1964: 950, mit erhöhter Nutzlast: 920, ab 08/64: 960/1.025	Lim.: 880 (ab 08/1964: 910) Variant: 910 (ab 08/1964: 950, mit erhöhter Nutzlast: 920, ab 08/64: 960)	Lim.: 920 (ab 08/1967: 960, ab 09/1969: 1.010) Variant: 950 (ab 08/1967: 960, ab 08/69: 1.035)
zul. Gesamtgewicht (kg)	1250, ab 08/1962: 1280, Variant: 1360 (mit erhöhter Nutzlast: 1450)	1280, ab 08/1964: 1310, Variant: 1360, ab 08/1964: 1400, mit erhöhter Nutzlast: 1450, ab 08/64: 1490	1280 (ab 08/1964: 1310), Variant: 1360 (ab 08/1964: 1400 mit erhöhter Nutzlast: 1450, ab 08/64: 1490)	1320 (ab 08/1967: 1360, ab 08/69: 1410), Variant: 1400 (ab 08/1967: 1410, ab 08/69: 1485)
Höchstgeschwindigkeit (km/h)	125; ab 8/1962: 130	125	135	130
Beschl. 0 bis 100 km/h (s)	24,5	24,5	20	24,5
Verbrauch/DIN (L/100 km)	8,4 N	8,4 N	7,8 S	8,4 N
Preis Lim. (DM)	6300 (1961); 6400 (1962); 5900 (1963)	5990 (1963/64)	6400 (1963)	
Preis Variant (DM)	6700 (1962)	6390 (1963) Lieferwagen Tragl. 375 kg: 6270 (1963/64); 6280 (1965)	6800 (1963/65); 6700 (45 PS, 1965)	6585 (45 PS); 6705 (54 PS), beides 1966 6280 (Lieferwagen Tragl. 375 kg, 1966)

Typisch Volkswagen: der luftgekühlte Boxermotor im Heck. Untypisch: die niedrige Bauweise.

Das Steuergerät fand im Kofferraum Platz. (Schwab/Sammlg. Kuch)

	1600 TL/1600 T Schrägheck	1600/1600 L Lim/Variant	1600 A Lim/Variant
Bauzeit	1965 – 1969 – 1973	1966 – 1973/1965 – 1969 – 1973	1966 – 1969 – 1973
Motor	Vierzylinder-Boxer (flach), Viertakt, zweiteil. Kurbelgehäuse (LM), Grauguss-Zylinder, Leichtmetall-Kopf	Vierzylinder-Boxer (flach), Viertakt, zweiteil. Kurbelgehäuse (LM), Grauguss-Zylinder, Leichtmetall-Kopf	Vierzylinder-Boxer (flach), Viertakt zweiteil. Kurbelgehäuse (LM), Grauguss-Zylinder, Leichtmetall-Kopf
Hubraum (cm^3)	1584	1584	1584
Bohrung x Hub (mm)	85,5 x 69	85,5 x 69	83 x 69
Leistung (PS/kW) bei /min	54/40 bei 4000, opt. auch 45 PS/Einvergaser	54/40 bei 4000, opt. auch 45 PS/Einvergaser	45/33 bei 3800, opt. auch 54 PS/Zweivergaser
Max. Drehmoment (Nm) bei /min	110 bei 2200	110 bei 2200	106 bei 2000
Verdichtung	7,7, ab 8/1971: 7,5	7,7, ab 08/1971: 7,5	7,7, ab 08/1971: 7,5
Gemischaufbereitung	zwei Fallstromvergaser Solex 32 PDSIT, Startautomatik (beheizt), ab 08/1968 alternativ: elektr. Bosch-Einspritzung D-Jetronic (54 PS)	zwei Fallstromvergaser Solex 32 PDSIT, Startautomatik (beheizt), ab 08/1968 alternativ: elektr. Bosch-Einspritzung D-Jetronic (54 PS)	ein Flachstromvergaser Solex 32 PHN-2, Startautomatik (beheizt)
Ventile pro Zylinder	2 (ohv)	2 (ohv)	2 (ohv)
Ventilsteuerung	zentrale Nockenwelle, Stoßstangen u. Kipphebel, Stirnräder	zentrale Nockenwelle, Stoßstangen u. Kipphebel, Stirnräder	zentrale Nockenwelle, Stoßstangen u. Kipphebel, Stirnräder
Kurbelwellenlager	4	4	4
Kühlung	Gebläse (Luft)	Gebläse (Luft)	Gebläse (Luft)
Schmierung	Druckumlauf (2,5 L Öl), Ölkühler	Druckumlauf (2,5 L Öl), Ölkühler	Druckumlauf (2,5 L Öl), Ölkühler
Batterie	6 V 77 Ah, ab 08/1966: 12 V 36 od. 45 Ah (unter Rücksitz)	6 V 77 Ah, ab 08/1966: 12 V 36 od. 45 Ah (unter Rücksitz)	6 V 77 Ah, ab 08/1966: 12 V 36 od. 45 Ah (unter Rücksitz)
Lichtmaschine	Gleichstrom 200 W, ab 08/1966: 360 W	Gleichstrom 200 W, ab 08/1966: 360 W	Gleichstrom 200 W, ab 08/1966: 360 W
Anlasser	0,6, ab 08/1966: 0,7 PS	0,6, ab 08/1966: 0,7 PS	0,6, ab 08/1966: 0,7 PS
Kraftübertragung	Heckantrieb Motor hinter, Getriebe vor Hinterachse	Heckantrieb Motor hinter, Getriebe vor Hinterachse	Heckantrieb Motor hinter, Getriebe vor Hinterachse
Kupplung	Einscheibentrocken	Einscheibentrocken	Einscheibentrocken
Schaltung	Schaltstock/Wählhebel in Wagenmitte	Schaltstock/Wählhebel in Wagenmitte	Schaltstock in Wagenmitte
Getriebe	Viergang manuell, ab 08/1967 a.W. Dreistufen-Automatik	Viergang manuell, ab 08/1967 a.W. Dreistufen-Automatik (nicht f. 45 PS u. f. Variant mit erhöhte Nutzl.)	Viergang manuell
Synchronisierung	I – IV	I – IV	I – IV
Übersetzungen	I. 3,80 – II. 2,06 – III. 1,32 (ab 08/1966: 1,26) – IV. 0,89, a.W. ab 3/1967 Automatik: I. 2,65 – II. 1,59 – III. 1,0	I. 3,80 – II. 2,06 – III. 1,32 (ab 08/1966: 1,26) – IV. 0,89, a.W. ab 3/1967 Automatik: I. 2,65 – II. 1,59 – III. 1,0	I. 3,80 – II. 2,06 – III. 1,26 – IV. 0,89
Antriebsübersetzung	4,125; Automatik: 3,67	4,125; Automatik: 3,67	4,125
Fahrwerk			
Aufbau-Art	Zentralrohr-Plattformrahmen, Ganzstahlkaross.	Zentralrohr-Plattformrahmen, Ganzstahlkaross.	Zentralrohr-Plattformrahmen, Ganzstahlkaross.
Vorderrad-Aufh.	Kurbellenker oben/unten, zwei gekreuzte Quer-Federstäbe, Teleskopstoßd. Stabi	Kurbellenker oben/unten, zwei gekreuzte Quer-Federstäbe, Teleskopstoßd. Stabi	Kurbellenker oben/unten, zwei gekreuzte Quer-Federstäbe, Teleskopstoßd. Stabi
Hinterrad-Aufh.	Pendelachse, Längslenker, zwei Quer-Federstäbe, Teleskopstoßd.; Ausgleichsfeder bei Variant mit höherer Nutzlast; für Automatik (8/1967) u. ab 08/1968 für alle Schräglenkerachse (Doppelgelenk), Teleskopstoßd. Schrauben- u. Gummihohlfedern, Stabi	Pendelachse, Längslenker, zwei Quer-Federstäbe, Teleskopstoßd.; Ausgleichsfeder bei Variant mit höherer Nutzlast; für Automatik (8/1967) u. ab 08/1968 für alle Schräglenkerachse (Doppelgelenk), Teleskopstoßd. Schrauben- u. Gummihohlfedern, Stabi	Pendelachse, Längslenker, zwei Quer-Federstäbe, Teleskopstoßd.; Ausgleichsfeder bei Variant mit höherer Nutzlast; für Automatik (8/1967) u. ab 08/1968 für alle Schräglenkerachse (Doppelgelenk), Teleskopstoßd. Schrauben- u. Gummihohlfedern, Stabi
Lenkung	Schnecke/Rolle (14,9 : 1)	Schnecke/Rolle (14,9 : 1)	Schnecke/Rolle (14,9 : 1)
Bremsen vorn/hinten (mm)	Hydraulik (ab 08/1967 Zweikreis), Scheiben (ø=277 mm)/Trommeln (ø=248 mm),	Hydraulik (ab 08/1967 Zweikreis), Scheiben (ø=277 mm)/Trommeln (ø=248 mm),	Hydraulik (ab 08/1967 Zweikreis), Scheiben (ø=277 mm)/Trommeln (ø=248 mm),
Allg. Daten			
Radstand (mm)	2400	2400	2400
Spurweite vorn/hinten (mm)	1310/1346	1310/1346	1310/1346

→

Außenmaße (mm)	4 225 x 1 640 x 1 470; ab 08/1969: 4 340 x 1 640 x 1 470	Lim.: 4 225 x 1 640 x 1 475; ab 08/1969: Lim. 4 340 x 1 640 x 1 475; Variant: 4 225 x 1 640 x 1 465, ab 08/1969: Variant 4 340 x 1 640 x 1 465	Lim.: 4 225 x 1 640 x 1 475; ab 08/1969: Lim. 4 340 x 1 640 x 1 475; Variant: 4 225 x 1 640 x 1 465, ab 08/1969: Variant 4 340 x 1 640 x 1 465
Kofferraum (L)	TL: 180 + 260 (gesamt 420), ab 8/69 »Langschnauzer«: 230 + 320 (gesamt 550)	Lim.: 180 + 200 (ges.: 380), Var.: 180 + 700 (ges. 880) ab 8/69: Lim.: 230 + 200 (ge.: 430), Var.: 230 + 700 (ge. 930)	Lim.: 180 + 200 (ges.: 380), Var.: 180 + 700 (ges. 880) ab 8/69: Lim.: 230 + 200 (ge.: 430), Var.: 230 + 700 (ge. 930)
Tankinhalt (L)	40 (vorn)	40 (vorn)	40 (vorn)
Räder	4.5 J x 15	4.5 J x 15	4.5 J x 15
Reifen	6.00 – 15 L4 PR, ab 1967 a.W. 165 SR 15	6.00 – 15 L4 PR, ab 1967 a.W. 165 SR 15	6.00 – 15 L4 PR, ab 1967 a.W. 165 SR 15
Wendekreis (m)	11,3, ab 08/1969: 11,6	11,3, ab 08/1969: 11,6	11,3, ab 08/1969: 11,6
Bodenfreiheit (cm)	15	15	15
Leermasse (kg)	920 (1965); 960 (1968); ab 8/69: 1 010	Lim: 920 (ab 08/1967: 960,; ab 8/69: Lim: 1 010 Variant: 965 (1965); 1 035 (1968); ab 8/69: Variant: 1 110	920 (ab 08/1967: 960, ab 08/1969: 1 010) Variant: 950 (ab 08/1967: 960, ab 08/69: 1 035)
zul. Gesamtgewicht (kg)	1 250, ab 08/1962: 1 280, 1 320 (ab 08/1967: 1 360, ab 08/69: 1 410),	1 280, ab 08/1964: 1 310, Lim 1 320; ab 8/1967: 1 360; ab 8/69: 1 410; ab 1970: 1 485; Variant: ca 1 390 (1966); 1 485 (1972)	1.280 (ab 08/1964: 1.310), Lim 1 320 (ab 08/1967: 1 360, ab 08/69: 1 410), Variant: 1 400 (ab 08/1967: 1 410, ab 08/69: 1 485)
Höchstgeschwindigkeit (km/h)	135; Automatik: 130	135; Automatik: 130	125
Beschl. 0 bis 100 km/h (s)	20,0 (8/1969: 19,0); Automatik: 25,0	20,0; Automatik: 25,0	20,0; Variant: 27,0 (8/69)
Verbrauch/DIN (L/100 km)	8,9 N, Automatik: 9,7 N	8,9 N, Automatik: 9,7 N	8,4 N; Variant: 8,7 N (8/69)
Preis (DM)	6700 (1962) TL: 6690 (1966); 6885 (1967), 6950 (1968), 7070 (1969), 8455 (1972), 9030 (1973) TL 45 PS: 6950 (1970); T 54 PS: 6695 (1969)	6390 (1963) Lim L 54 PS: 6785 (1966); 6885 (1967); 7070 (1969); 7390 (1970); 8 090 (1972); 8560 (8/1972); 9030 (1973) Lim L 45 PS: 6950 (1969), 7675 (1972) 1600 L Var. 54 PS: 6980 (1965/66); 7145 (1967),7 360 (1969); 7980 (1970); 8060 (1971); 8855 (1972), 9455 (1973); 1600 L Var. 45 PS: 6795 (1968); 6885 (1969)	6800 (1963/65); 6700 (45 PS, 1965) Lim A: 6145 (1966); 6200 (1968); 6320 (1969); 7675 (1972); Lim A mit 54 PS: 6265 (1967); 6325 (1968) Var A: 6585 (1966/67); 6645 (1969); 6765 (1970); 8075 (1972)

(ETH Zürch, Bildarchiv/ CC-BY-SA 4.0)

Der Typ 34 in Zahlen
Fertigung, Export, Farben und Technik

Der Typ 34 wurde offiziell nie in den USA, sondern nur in Kanada angeboten, er hatte nie die Chance auf entsprechende Stückzahlen. Dennoch gelangten Wagen – zumeist aus dem nördlichen Nachbarland – in die USA, die dort eine Aufsehen erregende Liebhaberszene begründeten. Zu haben war das Coupé natürlich in den meisten europäischen Ländern. Englischsprachige Kunden priesen ihn begeistert als »Razor Edge Ghia« (Rasiermesser-Ghia). Ab 1964 war erstmals eine Rechtslenker-Ausführung (Typ 344 bzw. mit Schiebedach Typ 346) angeboten worden.

Jahr	Stückzahl (Günther)	Stückzahl (Bobbitt+Meredith)
1961	661	661
1962	8540	8541
1963	6719	6720
1964	7365	7367
1965	6870	6873
1966	5947	5947
1967	2798	2819
1968	2554	2533
1969	1044	1049
Summe:	42.498	42.510

Stückzahlen pro Jahr: Angaben von: Dieter Günther/MARKT 1988; Malcolm Bobbit (2002) und Laurence Meredith (1995). Am wahrscheinlichsten sind die von Günther seinerzeit im Karmann-Archiv ermittelten Zahlen.

Bauzeit und Preise Typ 34: Typ 343 = Linkslenker-Coupe, Typ 345 = Linkslenkercoupé mit el. Stahlschiebedach, (Lutz Gaas, Karmann Ghia Archiv)

Modelljahr	Typ	Verkaufsbezeichnung	PS	Verkaufspreis (DM)
1962	343	VW KG 1500	45	8750
1963	343	VW KG 1500	45	8750
	345	VW KG 1500	45	9500
1964	343	VW KG 1500	45	8750
	345	VW KG 1500	45	9500
	343	VW KG 1500 S	54	8900
	345	VW KG 1500 S	54	9650
1965	343	VW KG 1500	45	8350
	345	VW KG 1500	45	9100
	343	VW KG 1500 S	54	8450
	345	VW KG 1500 S	54	9200
1966	343	VW KG 1600 L	54	8945
	345	VW KG 1600 L	54	9695
1967	343	VW KG 1600 L	54	8945
	345	VW KG 1600 L	54	9695
1968	343	VW KG 1600 L	54	8945
	345	VW KG 1600 L	54	6695
1969	343	VW KG 1600 L	54	9145
	345	VW KG 1600 L	54	9905

Tatsächlich war der Typ 34 (neben dem späteren Typ 4) der einzige Volkswagen jener Zeit, der nur so überraschend kurz im Programm blieb. Die (nicht offiziellen) Stückzahl-Angaben dazu differieren, Fakt ist aber, dass die meisten Zulassungen auf die Jahre 1964/1965 zu verzeichnen waren. »auto motor und sport« schrieb 10/1962 von 45 Einheiten arbeitstäglich, »Der Spiegel« vom 1. Mai 1963 gibt nur 24 an, verweist aber auf bislang 11.000 ausgelieferte Typ 34. Knapp zwei Monate später (23. Juni 1963) schrieben die Hamburger, dass die Tagesproduktion allmählich auf 12 sinken würde. »mot« berichtete in Ausgabe 11/1963 von 32 Einheiten pro Tag und einer bisherigen Gesamtproduktion von 12.529 Stück.

Gegen Ende der Laufzeit kletterte der Preis des edlen Wagens auf 9145 Mark – eine eigentlich moderate Preissteigerung über diese Zeit! Aber man hatte sich wohl anfangs mit forschen Preiserhöhungs-Ideen etwas verhoben, jedenfalls war im Modelljahr 1965 der Preis wieder gesenkt worden... Eine Produktion im Ausland (der kleine Karmann wurde auch in Brasilien gebaut) stand nicht zur Diskussion.

Am 30. Juni 1969 verfügte der VW-Vorstand das Aus für den Wagen, im August 1969 lief der letzte Typ 34 vom Band. Die freiwerdende Kapazität in Osnabrück wurde für den neuen VW Porsche 914 genutzt, der als Vierzylinder ausschließlich bei Karmann gebaut wurde.

Aber: Einst alles andere als ein Renner, ist der Typ 34 mittlerweile sehr rar und gefragt geworden. Gebaut wurden ja lediglich – je nach Recherecheergebnis – 42.498 oder 42.510 Exemplare. Recht wenig gegenüber dem in 24 Jahren insgesamt 466.856 Mal hergestellten Typ 14. Das spiegelt sich auch in der Ersatzteilpreisen wider, was ange-

Nach Produktionsende des Typ 34 nahm Karmann den VW Porsche 914 aufs Band. (Karmann Archiv)

sichts des einst schlechten Rostschutzes zum Problem werden kann. »Porsche-356-Fahren ist billiger, davon gab es mehr«, merkte ein Typ-34-Besitzer in der »AutoBild Klassik« vom April 2010 an.

Exporte

Die wichtigsten Exportländer decken sich im Wesentlichen mit denen des Typ 3. Größter Unterschied: Der Große Karmann ging offiziell nie in die USA. Und er wurde nie im Ausland montiert.

Damals gaben sich anlässlich des 50. Jubiläums stolze 114 Typ 34 ein Stelldichein. Auch andere Karmann-Kreationen fanden den Weg ins Niedersächsische. (Volkswagen Classic)

Die Farben

Erstaunlicherweise war der Typ 34 in einer Vielzahl von Farben zu haben, entweder als Unilack oder zweifarbig mit anders gefärbtem Dach.

	Modelljahr		1961	1962	1963	1964	1965	1966	1967	1968	1969
Position	**Farbe**	**Farbcode**									
1	Kashillagelb	L10K							•		
2	Pirolgelb	L11K									•
3	Veloursrot	L30K								•	
4	Sunset	L31K									•
5	Schwarz	L41K	•	•	•	•		•	•	•	
6	Regattablau	L50F								•	
7	Neptunblau	L50K							•		
8	Chromblau	L51K									•
9	Fichtengrün	L61K								•	
10	Zypressengrün	L62K									•
11	Chinchilla	L70F								•	
12	Vulkangrau	L70K							•		
13	Gobibeige	L80K								•	
14	Perlweiß	L87	•	•	•	•					
15	Togaweiß	L90C									•
16	Lotusweiß	L282						•	•	•	
17	Bermuda	L288					•	•	•	•	
18	Seeblau	L360	•	•	•	•	•	•			
19	Pacific	L398	•	•	•	•					
20	Rubin	L456	•	•	•	•					
21	Anthrazit	L469	•	•	•	•					
22	Smaragd	L514				•					
23	Polarblau	L532				•					
24	Raclettegrün	L544					•	•	•		
25	Hennarot	L553					•	•			
26	Kirschrot	L554					•	•	•	•	•
27	Manilagelb	L560				•	•	•			
28	Seesand	L568					•	•			
29	Terrabraun	L571				•					
30	Arconaweiß	L582				•	•	•			
31	Rauchgrau	L594					•				
32	Fontanagrau	L595					•				
33	Savannenbeige	L620							•		

Außenfarben Typ 34 in Abhängigkeit vom Baujahr
Bei vielen Farben bestand die Möglichkeit einer Zweifarbkombination (andere Dachfarbe, beispielsweise Schwarz, Perlweiß, Blauweiß, Rauchgrau und Fontanagrau) (Klein, Überarbeitung Kittler)

Außerordentlich seltener Prospekt in japanischer Sprache. (Sammlg. Klein)

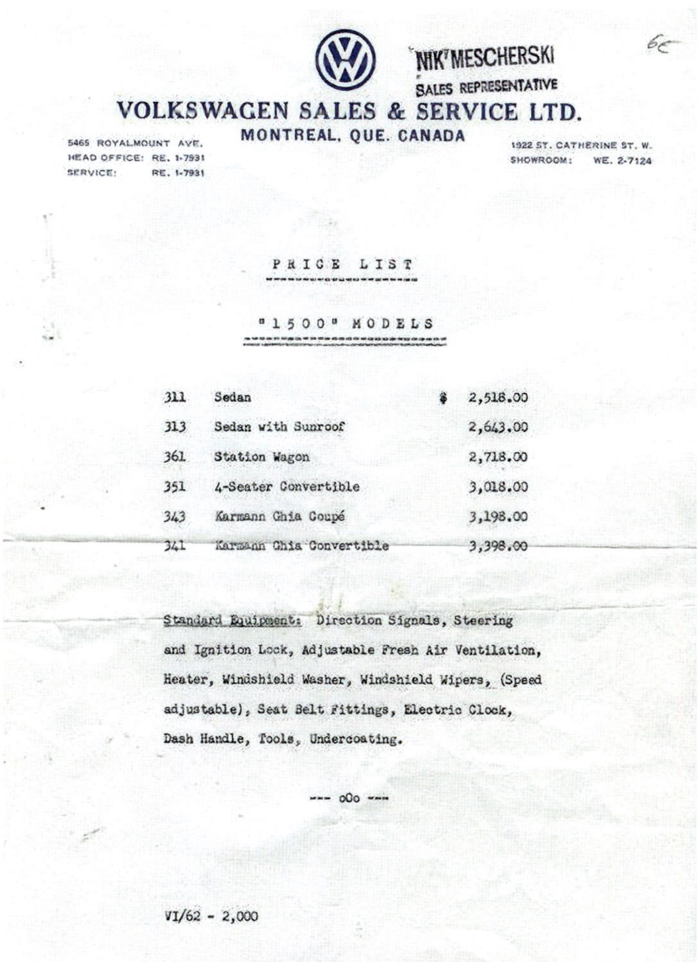

NIK MESCHERSKI
SALES REPRESENTATIVE

VOLKSWAGEN SALES & SERVICE LTD.
MONTREAL, QUE. CANADA

5465 ROYALMOUNT AVE.
HEAD OFFICE: RE. 1-7931
SERVICE: RE. 1-7931

1922 ST. CATHERINE ST. W.
SHOWROOM: WE. 2-7124

PRICE LIST

"1500" MODELS

311	Sedan	$ 2,518.00
313	Sedan with Sunroof	2,643.00
361	Station Wagon	2,718.00
351	4-Seater Convertible	3,018.00
343	Karmann Ghia Coupé	3,198.00
341	Karmann Ghia Convertible	3,398.00

Standard Equipment: Direction Signals, Steering and Ignition Lock, Adjustable Fresh Air Ventilation, Heater, Windshield Washer, Windshield Wipers, (Speed adjustable), Seat Belt Fittings, Electric Clock, Dash Handle, Tools, Undercoating.

--- oOo ---

VI/62 - 2,000

Die Preisliste für Kanada vom Juni 1962 führt auch das Typ 34 Cabrio auf. (Sammlg. Klein)

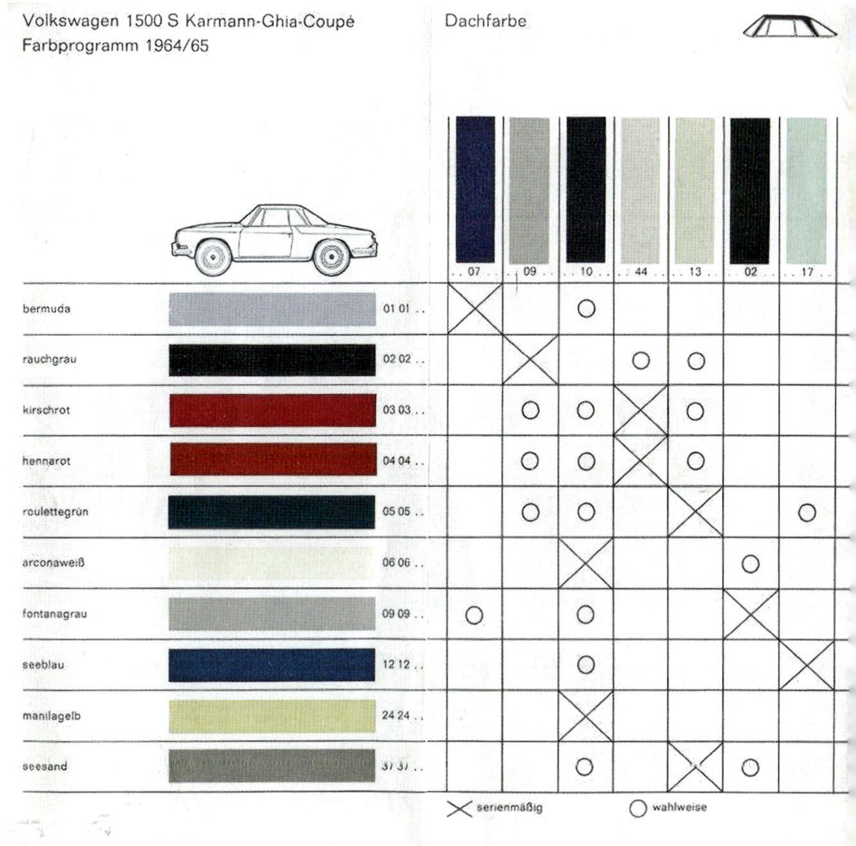

Volkswagen 1500 S Karmann-Ghia-Coupé
Farbprogramm 1964/65

Dachfarbe

		07	09	10	44	13	02	17
bermuda	01 01 ..	X		O				
rauchgrau	02 02 ..		X		O	O		
kirschrot	03 03 ..		O	O	X	O		
hennarot	04 04 ..		O	O	X	O		
roulettegrün	05 05 ..		O	O		X		O
arconaweiß	06 06 ..			X			O	
fontanagrau	09 09 ..	O		O			X	
seeblau	12 12 ..			O				X
manilagelb	24 24 ..			X				
seesand	31 31 ..			O		X	O	

X serienmäßig   O wahlweise

Beispiel Farbprogramm/Sitzbezüge 1964/55 für Karmann-Ghia Coupé 1500 S. (Sammlg. Klein)

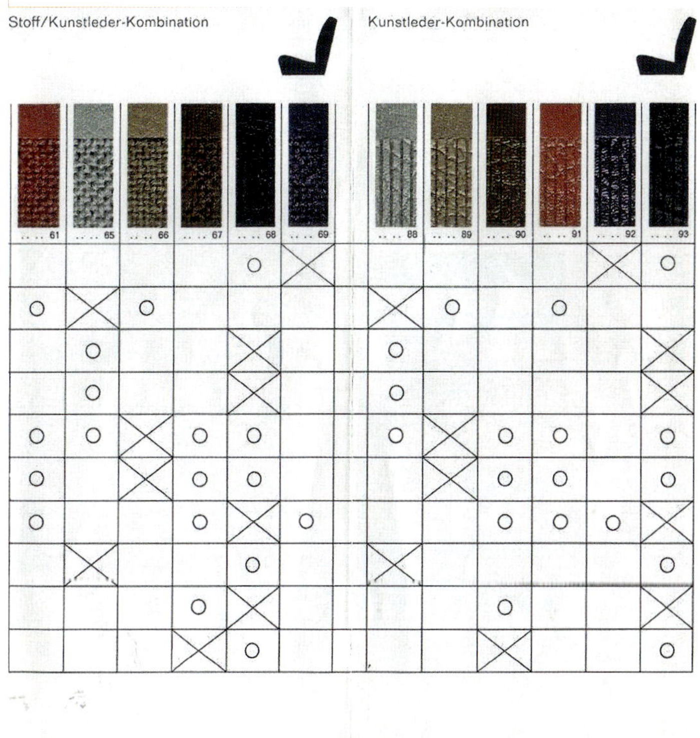

Stoff/Kunstleder-Kombination | Kunstleder-Kombination

61	65	66	67	68	69	88	89	90	91	92	93
				O	X					X	O
O	X	O				X	O		O		
	O			X		O					X
	O			X		O					X
O	O	X	O	O		O	X	O	O		O
O		X	O	O			X	O	O		O
O			O	X	O			O	O	O	X
	X			O		X					O
			O	X				O			X
			X	O				X			O

Die Technik

	Karmann-Ghia 1500/1500 S	Karmann-Ghia 1600 L
Bauzeit	1961 – 1965	1965 – 1969
Motor	Vierzylinder-Boxer (flach), Viertakt, zweiteil. Kurbelgehäuse (LM), Grauguss-Zylinder, Leichtmetall-Kopf	Vierzylinder-Boxer (flach), Viertakt zweiteil. Kurbelgehäuse (LM), Grauguss-Zylinder, Leichtmetall-Kopf
Hubraum (cm³)	1493	1584
Bohrung x Hub (mm)	83 x 69	85,5 x 69
Leistung (PS/kW) bei /min	45/33 bei 3800 ab 8/1963 alternativ 1500 S: 54/40 bei 4200	54/40 bei 4000,
Max. Drehmoment (Nm) bei /min	106 bei 2400 ab 8/1963 alternativ: 129 bei 3400	110 bei 2200,
Verdichtung	8,5	7,7
Gemischaufbereitung	ein Flachstromvergaser Solex 32 PHN-1, ab 8/63 alternativ: zwei Fallstromvergaser Solex 32 PDSIT, Startautomatik (beheizt)	zwei Fallstromvergaser Solex 32 PDSIT, Startautomatik (beheizt)
Ventile pro Zylinder	2 (ohv)	2 (ohv)
Ventilsteuerung	zentrale Nockenwelle, Stoßstangen u.Kipphebel, Stirnräder	zentrale Nockenwelle, Stoßstangen u. Kipphebel, Stirnräder
Kurbelwellenlager	4	4
Kühlung	Gebläse (Luft)	Gebläse (Luft)
Schmierung	Druckumlauf (2,5 L Öl), Ölkühler	Druckumlauf (2,5 L Öl), Ölkühler
Batterie	6 V 77 Ah (unter Rücksitz)	6 V 77 Ah, ab 08/1966: 12 V 36 od. 45 Ah (unter Rücksitz)
Lichtmaschine	Gleichstrom 200 W	Gleichstrom 200 W, ab 08/1966: 360 W
Anlasser	0,6	0,6, ab 08/1966: 0,7

Kraftübertragung	Heckantrieb Motor hinter, Getriebe vor Hinterachse	Heckantrieb Motor hinter, Getriebe vor Hinterachse
Kupplung	Einscheibentrocken	Einscheibentrocken
Schaltung	Schaltstock in Wagenmitte	Schaltstock in Wagenmitte
Getriebe	Viergang manuell	Viergang manuell, ab 8/1967: a.W. Dreistufen-Automatik
Synchronisierung	I – IV	I – IV, Automatik: I – III
Übersetzungen	I. 3,80 – II. 2,06 – III. 1,32 – IV. 0,89	I. 3,80 – II. 2,06 – III. 1,32 (ab 08/1966: 1,26) – IV. 0,89; Automatik: I. 2,65 – II. 1,39 – III. 1,00
Antriebsübersetzung	4,125	4,125

Fahrwerk		
Aufbau-Art	Zentralrohr-Plattformrahmen, Ganzstahlkaross.	Zentralrohr-Plattformrahmen, Ganzstahlkaross.
Vorderrad-Aufh.	Kurbellenker oben/unten, zwei gekreuzte Quer-Federstäbe, Teleskopstoßd., Stabi	Kurbellenker oben/unten, zwei gekreuzte Quer-Federstäbe, Teleskopstoßd., Stabi
Hinterrad-Aufh.	Pendelachse, Längslenker, zwei Quer-Federstäbe, Teleskopstoßdämpfer	Pendelachse, Längslenker, zwei Quer-Federstäbe, Teleskopstoßdämpfer; mit Automatik ab 8/67 und ab 8/1968 für alle: Schräglenkerachse (Doppelgelenk), Teleskopstoßd., Schrauben- u. Gummihohlfedern, Stabi
Lenkung	Schnecke/Rolle (14,9 : 1)	Schnecke/Rolle (14,9 : 1)
Bremsen vorn/hinten (mm)	Hydraulik, Trommeln (ø=248 mm), d=50/45, 960 cm²	Hydraulik (ab 08/1967 Zweikreis), Trommeln (ø=248 mm), d=50/45, 960 cm², 8/65: vorn Scheiben (ø=277 mm), hint. Tromm.

Allg. Daten		
Radstand (mm)	2400	2400
Spurweite vorn/ hinten (mm)	1310/1346	1310/1346
Außenmaße (mm)	4280 x 1620 x 1335	4280 x 1620 x 1335
Kofferraum (L)	205+250	205 – 250
Tankinhalt (L)	40 (vorn)	40 (vorn)
Räder	4.5 J x 15	4.5 J x 15
Reifen	6.00 S 15L	6.00 S 15L4 PR, a.W. 165 SR 15

Wendekreis (m)	11,4	11,4
Bodenfreiheit (cm)	13,8	13,8
Leermasse (kg)	893, 1500 S: 910	910 (ab 08/1967: 940)
zul. Gesamtgewicht (kg)	1280 (ab 08/1964: 1310)	1 310 (ab 08/1967: 1340)
Höchstgeschwindigkeit (km/h)	137, 1500 S: 155	150, Automatik: 145
Beschl. 0 bis 100 km/h (s)	22, 1500 S: 19	19, Automatik: 25
Verbrauch/DIN (L/100 km)	10,0 N, 1500 S: 10,5 (S)	11,5 N, Automatik: 12,5 N
Preis (DM)	8750 (1961); 8900 (1964/1500 S); 8450 (1965/1500 S); 8350 (1965/45 PS)	8750 (2/1966); 8945 (3/1966); 9027 (7/1968); 9145 (1968/69)

Karmann-Welttreffen 2011. (Volkswagen Classic)

Der Typ 4 in Zahlen

Fertigung, Export, Farben und Technik

Halbherzig war die Einführung des Typ 4 allemal erfolgt – wurde doch im Vorstand bereits 1970, also gerade mal zwei Jahre nach Produktionsbeginn, über dessen Ablösung diskutiert. Tatsächlich dauerte dies aber dann bis Juli 1974. Bis dahin waren gerade mal 367.728 Exemplare entstanden – nicht viel für Volumen-Weltmeister Volkswagen. Entgegen anderen Darstellungen lief die Limousine keineswegs schon 1973 aus, und die Fertigung des 412 Variant lief nicht länger als bis zur Ablösung durch den Passat-Kombi bis Juli 1974 weiter.

VW-Generaldirektor Lotz hatte von Anfang an nicht an den Erfolg des Typ 4 geglaubt, er war unglücklich gewesen über die Blindheit der damaligen Entscheidungsträger: »Neue technische Diskussionen standen damals überhaupt nicht zur Diskussion. Volkswagen glaubte, man könne mit dem neuentwickelten Typ 4 entscheidende Marktanteile unter den Mittelklassewagen erobern und setzte dabei zunächst viel zu hohe Produktionszahlen an: 1500 pro Tag waren geplant, im letzten Moment korrigierte man auf 1000, aber nur 600 Exemplare arbeitstäglich waren es dann tatsächlich.« Aber hier gab sich Lotz zu optimistisch – bei rund 60.000 Typ 4/Jahr können nicht mal 300 Einheiten arbeitstäglich gebaut worden sein. Der Nordhoff-Nachfolger wollte zumindest den Tagesausstoß steigern, doch es zeigte sich, dass die mittlerweile 80 Einheiten am Tag kaum zu steigern waren, und die für 1969 angepeilten »wesentlich über 500« bleiben stets eine Utopie.

Der Hoffnungsträger brachte also nicht den gewünschten Erfolg und verkaufte sich nur schleppend. Offensichtlich hatte das wiederaufgefrischte Käfer-Konzept ausgedient, dem Typ 4 – der bald schon als Flop galt – war kein langes Leben mehr beschieden. Was Lotz-Nachfolger Leiding nicht davon abhielt, im »Spiegel« 48/71 zu beteuern, dass »der 411 sich inzwischen zu einem ausgezeichneten Fahrzeug entwickelt« habe, und »der 1600er (also der Typ 3) nach wie vor in großen Stückzahlen verkauft« würde.

Aller Zweckoptimismus nützte nichts, im Juni 1974 endete der Verkauf aller Typ-4-Modelle gleichzeitig, auch des Variant.

Der Bestand an beim KBA zugelassen registrierten Fahrzeugen betrug im Januar 2019 (Deutschland) nur noch 222 Exemplare, davon 63 Zweitürer, 67 Viertürer und 92 Variant – etwa 0,06 % der einst gebauten 367 728 Fahrzeuge. Grund für den geringen Erhaltungsgrad sind neben dem nur sehr kleinen Liebhaberkreis enorme Korrosionsprobleme. VW hatte den Hohlraum zwischen den Blechen mit einem Schaum ausgespritzt, der Feuchtigkeit speichert. Außerdem hatte der Wagen vorn keine Innenkotflügel, wodurch Schmutz und Regenwasser in den gesamten Bereich zwischen Kotflügel und Kofferraum gelangten und dort unbemerkt erheblichen Rostfraß verursachten.

Auch erreichten die luftgekühlten Motoren bei zügiger Fahrweise nur geringe Laufleistungen. Ein weiterer Grund war der rasante Wertverlust besonders der von Anfang an wenig beliebten Limousinen: Auch jüngere Unfallwagen wurden oftmals nicht repariert, da die starken Typ-4-Motoren für den Einbau in die VW-Transporter/Bus, VW Käfer und den VW-Porsche 914 begehrt waren. Dazu kam, dass Anfang der 1970er-Jahre viele VW-Werkstätten mit der Wartung der neuen elektronischen Saugrohreinspritzung überfordert waren. Die Oldtimerszene kämpft heute beim VW 411/412 vor allem mit der prekären Ersatzteillage; es gibt nur wenige Gleichteile mit den weitverbreiteten Modellen Käfer und Bus.

Werk	Produktionszeitraum	Einheiten
Wolfsburg	09/1968 – 06/1973	241.358
Salzgitter	04/1971 – 07/1974	113.842
Uitenhage/Südafrika	1969 – 1974	12.528*
Gesamtsumme weltweit:		367.728

Produktion des Typ 4 weltweit. (Dr. Hilmar Walde, 2017)
** tatsächlich in Südafrika ausgeliefert 34.452 (davon 21.924 aufgebaute CKD-Sätze aus Deutschland)*

VW 411 LE Baujahr 1970 während der Sachsen Klassik Rallye 2009 auf dem Sachsenring. (Volkswagen Classic)

Der Typ 4 im Ausland

Dr. Hilmar Walde, der Spezialist für den Typ 4 schlechthin, beziffert den Exportanteil an der Gesamtproduktion an Großen Volkswagen auf 68 Prozent. Bis 1970 dominierte noch der Inlandsanteil (50 %), ab 1971 stieg der Exportanteil auf über 80 %, was dem US-Markt geschuldet war. Am Ende waren – mit je einem Drittel – 119.094 Einheiten für Deutschland, 119.627 für die USA und weitere 129.007 Typ 4 für den Export in insgesamt 145 Länder entstanden. Wichtigste Exportmärkte, neben den USA, waren Südafrika, Großbritannien, Belgien und Kanada.

Auch die Rechtslenker-Versionen wurden in Wolfsburg produziert. Einzige Ausnahme war Uitenhage/Südafrika (wo auch der Käfer produziert wurde), es handelte sich um den einzigen Produktionsort des Typ 4 im Ausland. Zunächst montiert man hier aus Deutschland angelieferte CKD-Sätze. Gebaut wurden sowohl zwei- und viertürige Schrägheck-limousine als auch Variant in Rechtslenker-Ausführung; insgesamt ca. 21.800 VW 411 und 12.642 VW 412. Nur in Südafrika wurden D-Jetronic und Vergaser parallel angeboten.

Gegenüber den in Deutschland gebauten Autos gab es, zumindest beim Südafrika-Typ, eine Reihe von Unterschieden, beispielsweise das Fehlen einer Standheizung und ein Interieur mit anderen Bezügen und Polstern. Die am Kap produzierten Rechtslenker wurden übrigens nie

Anders als in der Bundesrepublik war in den USA vergleichende Werbung erlaubt. (Sammlg. Dr. Walde)

Der VW 411 Variant war auch für die USA von besonderer Bedeutung. (Sammlg. Dr. Walde)

Die US-Werbung blieb ihrer bisherigen Linie treu und versuchte in ihren Slogans, an das Underdog-Image des Volkswagens anzuknüpfen. Die Aufmachung der Prospekte erinnerte aber an ihre deutschen Pendants. (VWoA)

Die USA gehörten zu den wichtigsten Absatzmärkten für den Typ 4, wobei, anders als wie beim Käfer, sich deren Verbreitung auf die großen Metropolen an Ost- und Westküste konzentrierte. Die Aufnahme entstand im November 1972 in Manhattan an der Kreuzung von West 39th Street und Sixth Avenue. (ETH Zürich, Bildarchiv / CC BY-SA 4.0)

WE DELIVER
PARKING
Miller High Life

Bleibt in der Familie: US-Werbung 1973. (VWoA)

Amsterdam Autoshow im Februar 1969 – Holland war mit insgesamt 7850 importierten Typ 4 auf Platz 8 der Exportstatistik. Die Aufmerksamkeit der Besucher galt allerdings weniger den Fahrzeugen als vielmehr dem Fernsehgerät. Dort lief gerade die Übertragung eines Eisschnelllaufwettbewerbs mit holländischer Beteiligung. (Anefo)

Immerhin 700.000 Volkswagen gingen nach Holland. Wie der Zufall es will, handelte es sich beim Jubiläumsfahrzeug um das Spitzenmodell, nämlich den Typ 4. (Volkswagen)

Südafrika-Version von 1970,natürlich mit Rechtslenkung. (Sammlg. Dr. Walde)

Südafrika-Angebot an VW 411 E von 1972. Die dortigen Rechtslenker-Modelle waren u.a. an den kleinen runden Reflektoren vorn und hinten zu erkennen. (Sammlg. Dr. Walde)

VW 411 von 1971, Südafrika-Modell, u.a. erkennbar an den Rädern. (Sammlg. Dr. Walde)

Exklusiv nur in Südafrika angeboten wurde der 411 in der Ausführung »Grand Prix«. (Sammlg. Dr. Walde)

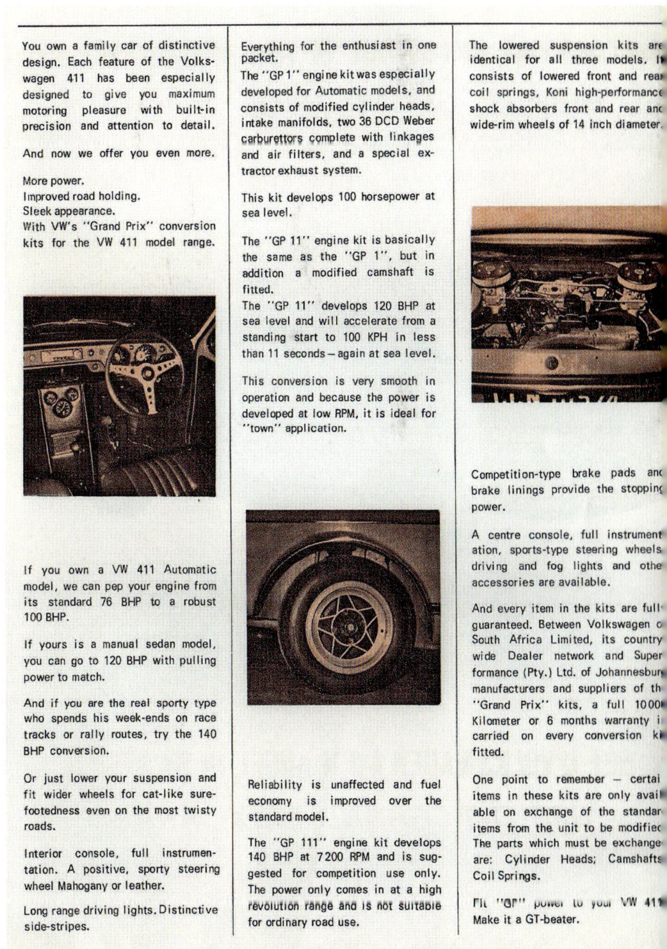

You own a family car of distinctive design. Each feature of the Volkswagen 411 has been especially designed to give you maximum motoring pleasure with built-in precision and attention to detail.

And now we offer you even more.

More power.
Improved road holding.
Sleek appearance.
With VW's "Grand Prix" conversion kits for the VW 411 model range.

If you own a VW 411 Automatic model, we can pep your engine from its standard 76 BHP to a robust 100 BHP.

If yours is a manual sedan model, you can go to 120 BHP with pulling power to match.

And if you are the real sporty type who spends his week-ends on race tracks or rally routes, try the 140 BHP conversion.

Or just lower your suspension and fit wider wheels for cat-like sure-footedness even on the most twisty roads.

Interior console, full instrumentation. A positive, sporty steering wheel Mahogany or leather.

Long range driving lights. Distinctive side-stripes.

Everything for the enthusiast in one packet.
The "GP 1" engine kit was especially developed for Automatic models, and consists of modified cylinder heads, intake manifolds, two 36 DCD Weber carburettors complete with linkages and air filters, and a special extractor exhaust system.

This kit develops 100 horsepower at sea level.

The "GP 11" engine kit is basically the same as the "GP 1", but in addition a modified camshaft is fitted.
The "GP 11" develops 120 BHP at sea level and will accelerate from a standing start to 100 KPH in less than 11 seconds – again at sea level.

This conversion is very smooth in operation and because the power is developed at low RPM, it is ideal for "town" application.

Reliability is unaffected and fuel economy is improved over the standard model.

The "GP 111" engine kit develops 140 BHP at 7200 RPM and is suggested for competition use only. The power only comes in at a high revolution range and is not suitable for ordinary road use.

The lowered suspension kits are identical for all three models. It consists of lowered front and rear coil springs, Koni high-performance shock absorbers front and rear and wide-rim wheels of 14 inch diameter.

Competition-type brake pads and brake linings provide the stopping power.

A centre console, full instrumentation, sports-type steering wheels, driving and fog lights and other accessories are available.

And every item in the kits are fully guaranteed. Between Volkswagen of South Africa Limited, its country wide Dealer network and Superformance (Pty.) Ltd. of Johannesburg, manufacturers and suppliers of the "Grand Prix" kits, a full 10000 Kilometer or 6 months warranty is carried on every conversion kit fitted.

One point to remember – certain items in these kits are only available on exchange of the standard items from the unit to be modified. The parts which must be exchanged are: Cylinder Heads; Camshafts; Coil Springs.

Fit "GP" power to your VW 411. Make it a GT-beater.

Insgesamt standen drei Tuningstufen (»Stage«) zur Verfügung, Stage 3 war nur für den Wettbewerb gedacht, hatte aber auch die Werksgarantie von einem halben Jahr oder 10.000 Kilometern. (Sammlg. Dr. Walde)

weiterexportiert. Vom 411 wurden 1971 drei besonders sportive Versionen namens »Grand Prix« angeboten, damit verbunden drei Stufen der Leistungssteigerung mit Weber-Doppelvergaser, schärferer Nockenwelle und neue Zylinderköpfe (bis 142 PS bei 4000/min), sportlichere LM-Räder »Rallye Mag«, verstellbare Koni-Dämpfer und eine abgesenkte Vorderachse.

Die Farben

Über alle sechs Modelljahre wurden insgesamt 36 verschiedene Farben angeboten. Rot war die Lieblingsfarbe für den Typ 4, gefolgt von Weiß und Beige. Pastellweiß blieb als einzige Lackierung vier Jahre im Angebot, Tiefseegrün und Silbermetallic waren drei Jahre verfügbar. Besonders die nur je ein Jahr lang angebotenen Metallic-Töne (Braunmetallic, Quarzmetallic, Mayametallic, Moosmetallic, Hellasmetallic und Rotmetallic) gehören zu den Raritäten.

Farbpalette für den Typ 412 in den USA. Dort beworben wurde er auch unter dem Slogan »The rich man's Volkswagen«. (Sammlg. Dr. Walde)

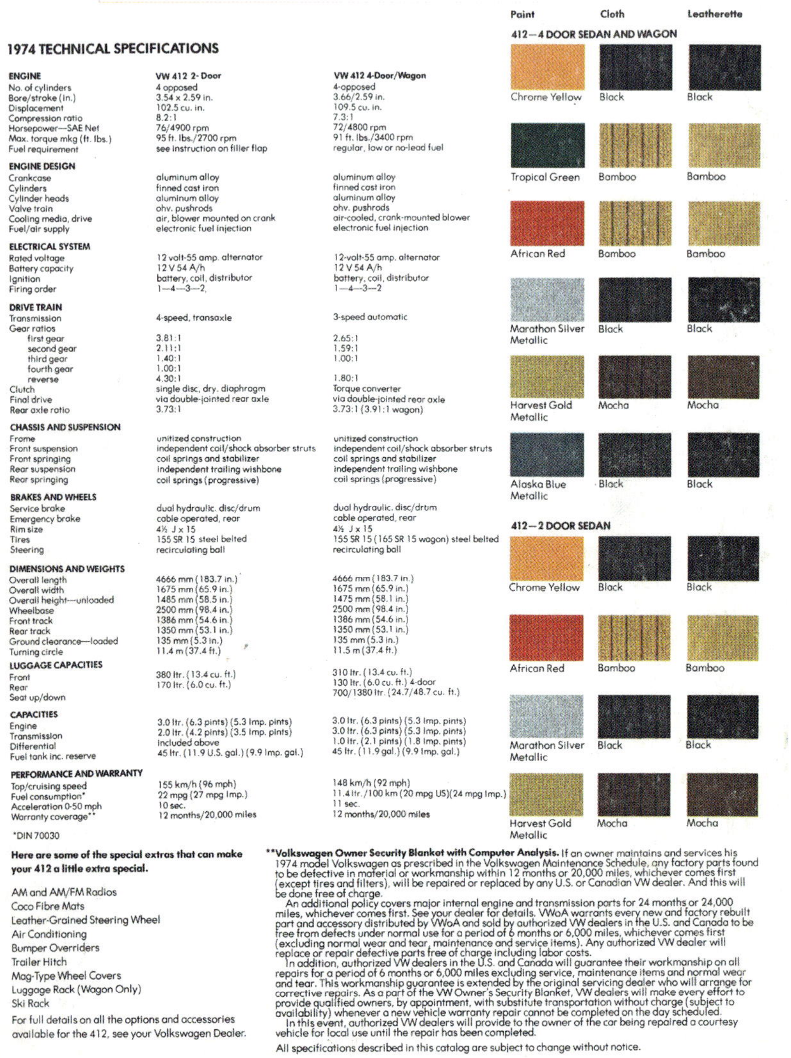

1974 TECHNICAL SPECIFICATIONS

	VW 412 2-Door	VW 412 4-Door/Wagon
ENGINE		
No. of cylinders	4 opposed	4-opposed
Bore/stroke (in.)	3.54 x 2.59 in.	3.66/2.59 in.
Displacement	102.5 cu. in.	109.5 cu. in.
Compression ratio	8.2:1	7.3:1
Horsepower—SAE Net	76/4900 rpm	72/4800 rpm
Max. torque mkg (ft. lbs.)	95 ft. lbs./2700 rpm	91 ft. lbs./3400 rpm
Fuel requirement	see instruction on filler flap	regular, low or no-lead fuel
ENGINE DESIGN		
Crankcase	aluminum alloy	aluminum alloy
Cylinders	finned cast iron	finned cast iron
Cylinder heads	aluminum alloy	aluminum alloy
Valve train	ohv. pushrods	ohv. pushrods
Cooling media, drive	air, blower mounted on crank	air-cooled, crank-mounted blower
Fuel/air supply	electronic fuel injection	electronic fuel injection
ELECTRICAL SYSTEM		
Rated voltage	12 volt-55 amp. alternator	12-volt-55 amp. alternator
Battery capacity	12 V 54 A/h	12 V 54 A/h
Ignition	battery, coil, distributor	battery, coil, distributor
Firing order	1—4—3—2,	1—4—3—2
DRIVE TRAIN		
Transmission	4-speed, transaxle	3-speed automatic
Gear ratios		
first gear	3.81:1	2.65:1
second gear	2.11:1	1.59:1
third gear	1.40:1	1.00:1
fourth gear	1.00:1	
reverse	4.30:1	1.80:1
Clutch	single disc, dry. diaphragm	Torque converter
Final drive	via double-jointed rear axle	via double-jointed rear axle
Rear axle ratio	3.73:1	3.73:1 (3.91:1 wagon)
CHASSIS AND SUSPENSION		
Frame	unitized construction	unitized construction
Front suspension	independent coil/shock absorber struts	independent coil/shock absorber struts
Front springing	coil springs and stabilizer	coil springs and stabilizer
Rear suspension	independent trailing wishbone	independent trailing wishbone
Rear springing	coil springs (progressive)	coil springs (progressive)
BRAKES AND WHEELS		
Service brake	dual hydraulic. disc/drum	dual hydraulic. disc/drum
Emergency brake	cable operated, rear	cable operated, rear
Rim size	4½ J x 15	4½ J x 15
Tires	155 SR 15 steel belted	155 SR 15 (165 SR 15 wagon) steel belted
Steering	recirculating ball	recirculating ball
DIMENSIONS AND WEIGHTS		
Overall length	4666 mm (183.7 in.)	4666 mm (183.7 in.)
Overall width	1675 mm (65.9 in.)	1675 mm (65.9 in.)
Overall height—unloaded	1485 mm (58.5 in.)	1475 mm (58.1 in.)
Wheelbase	2500 mm (98.4 in.)	2500 mm (98.4 in.)
Front track	1386 mm (54.6 in.)	1386 mm (54.6 in.)
Rear track	1350 mm (53.1 in.)	1350 mm (53.1 in.)
Ground clearance—loaded	135 mm (5.3 in.)	135 mm (5.3 in.)
Turning circle	11.4 m (37.4 ft.)	11.5 m (37.4 ft.)
LUGGAGE CAPACITIES		
Front	380 ltr. (13.4 cu. ft.)	310 ltr. (13.4 cu. ft.)
Rear	170 ltr. (6.0 cu. ft.)	130 ltr. (6.0 cu. ft.) 4-door
Seat up/down		700/1380 ltr. (24.7/48.7 cu. ft.)
CAPACITIES		
Engine	3.0 ltr. (6.3 pints) (5.3 Imp. pints)	3.0 ltr. (6.3 pints) (5.3 Imp. pints)
Transmission	2.0 ltr. (4.2 pints) (3.5 Imp. pints)	3.0 ltr. (6.3 pints) (5.3 Imp. pints)
Differential	included above	1.0 ltr. (2.1 pints) (1.8 Imp. pints)
Fuel tank inc. reserve	45 ltr. (11.9 U.S. gal.) (9.9 Imp. gal.)	45 ltr. (11.9 gal.) (9.9 Imp. gal.)
PERFORMANCE AND WARRANTY		
Top/cruising speed	155 km/h (96 mph)	148 km/h (92 mph)
Fuel consumption*	22 mpg (27 mpg Imp.)	11.4 ltr./100 km (20 mpg US)(24 mpg Imp.)
Acceleration 0-50 mph	10 sec.	11 sec.
Warranty coverage**	12 months/20,000 miles	12 months/20,000 miles

*DIN 70030

Here are some of the special extras that can make your 412 a little extra special.

AM and AM/FM Radios
Coco Fibre Mats
Leather-Grained Steering Wheel
Air Conditioning
Bumper Overriders
Trailer Hitch
Mag-Type Wheel Covers
Luggage Rack (Wagon Only)
Ski Rack

For full details on all the options and accessories available for the 412, see your Volkswagen Dealer.

Volkswagen Owner Security Blanket with Computer Analysis. If an owner maintains and services his 1974 model Volkswagen as prescribed in the Volkswagen Maintenance Schedule, any factory parts found to be defective in material or workmanship within 12 months or 20,000 miles, whichever comes first (except tires and filters), will be repaired or replaced by any U.S. or Canadian VW dealer. And this will be done free of charge.

An additional policy covers major internal engine and transmission parts for 24 months or 24,000 miles, whichever comes first. See your dealer for details. VWoA warrants every new and factory rebuilt part and accessory distributed by VWoA and sold by authorized VW dealers in the U.S. and Canada to be free from defects under normal use for a period of 6 months or 6,000 miles, whichever comes first (excluding normal wear and tear, maintenance and service items). Any authorized VW dealer will replace or repair defective parts free of charge including labor costs.

In addition, authorized VW dealers in the U.S. and Canada will guarantee their workmanship on all repairs for a period of 6 months or 6,000 miles excluding service, maintenance items and normal wear and tear. This workmanship guarantee is extended by the original servicing dealer who will arrange for corrective repairs. As a part of the VW Owner's Security Blanket, VW dealers will make every effort to provide qualified owners, by appointment, with substitute transportation without charge (subject to availability) whenever a new vehicle warranty repair cannot be completed on the day scheduled.

In this event, authorized VW dealers will provide to the owner of the car being repaired a courtesy vehicle for local use until the repair has been completed.

All specifications described in this catalog are subject to change without notice.

Paint	Cloth	Leatherette
412—4 DOOR SEDAN AND WAGON		
Chrome Yellow	Black	Black
Tropical Green	Bamboo	Bamboo
African Red	Bamboo	Bamboo
Marathon Silver Metallic	Black	Black
Harvest Gold Metallic	Mocha	Mocha
Alaska Blue Metallic	Black	Black
412—2 DOOR SEDAN		
Chrome Yellow	Black	Black
African Red	Bamboo	Bamboo
Marathon Silver Metallic	Black	Black
Harvest Gold Metallic	Mocha	Mocha

	Modelljahr		68/69	69/70	70/71	71/72	72/73	73/74
Position	**Farbe**	**Farbcode**	**411**	**411 E**	**411 E**	**411 E**	**412 E**	**412, S**
1	Königsrot	L30A	•	•				
2	Togaweiß	L90C	•					
3	Savannenbeige	620	•	•				
4	Chinchilla	L70F	•	•				
5	Diamantblau	L50B	•	•				
6	Perugrün	L60B	•					
7	Cobaltblau	630	•	•				
8	Tiefseegrün	L66B	•					
9	Clementine	L20D		•	•			
10	Pastellweiß	L90D		•	•	•	•	
11	Ulmengrün	L60D		•	•			
12	Silbermetallic	L96D		•	•	•		
13	Braunmetallic	L98D		•				
14	Coloradometallic	L97D		•	•			
15	Iberischrot	L31F			•			
16	Shantunggelb	L12D			•			
17	Kansasbeige	L91D			•			
18	Marinablau	L54D			•			
19	Saphirblau	L50D			•			
20	Geminimetallic	L96E			•	•		
21	Quarzmetallic	L99E			•			
22	Kasanrot	L30B				•	•	
23	Leuchtorange	L20B				•	•	
24	Texasgelb	L1 0B				•	•	
25	Sumatragrün	L61B				•	•	
26	Türkismetallic	L95B				•	•	
27	Mayametallic	L98A					•	
28	Alaskametallic	L96B					•	•
29	Marathonmetallic	L96M						•
30	Senegalrot	L31A						•
31	Atlasweiß	L91Z						•
32	Marinogelb	L20A						•
33	Sonnengelb	L13K						•
34	Tropengrün	L60A						•
35	Moosmetallic	L96C						•
36	Hellasmetallic	L98C						•
37	Rotmetallic	L97C						•
38	Schwarz (nur f. Taxi)		•	•	•	•	•	•
39	Summe der Farben		8	12	13	8	9	10

Außenfarben VW 411/412 in Abhängigkeit vom Baujahr). (Dr. Hilmar Walde, 08/2016)

Die Technik auf einen Blick

	411/411 L	411 E/411 LE	412 E/412 LE	412 /412 L	412 S/412 LS
	Lim	**Lim/Variant**	**Lim/Variant**	**Lim/Variant**	**Lim/Variant**
Bauzeit	1968 – 1969	1969 – 1972	1972 – 1973	1973 – 1974	1973 – 1974
Motor	Vierzylinder-Boxer (flach), Viertakt, zweiteil. Kurbelgehäuse (LM), Grauguss-Zylinder, Leichtmetall-Kopf	Vierzylinder-Boxer (flach), Viertakt, zweiteil. Kurbelgehäuse (LM), Grauguss-Zylinder, Leichtmetall-Kopf	Vierzylinder-Boxer (flach), Viertakt, zweiteil. Kurbelgehäuse (LM), Grauguss-Zylinder, Leichtmetall-Kopf	Vierzylinder-Boxer (flach), Viertakt, zweiteil. Kurbelgehäuse (LM), Grauguss-Zylinder, Leichtmetall-Kopf	Vierzylinder-Boxer (flach), Viertakt, zweiteil. Kurbelgehäuse (LM), Grauguss-Zylinder, Leichtmetall-Kopf
Hubraum (cm³)	1 679	1 679	1 679	1 795	1 795
Bohrung x Hub (mm)	90 x 66	90 x 66	90 x 66	93 x 66	93 x 66
Leistung (PS/kW) bei /min	68/50 bei 4 500	80/59 bei 4900	80/59 bei 4900	75/55 bei 5000	85/63 bei 5000
Max. Drehmoment (Nm) bei /min	124 bei 2 800	132 bei 2700	132 bei 2700	129 bei 3400	135 bei 3400
Verdichtung	7,8	8,2	8,2	7,8	8,6
Gemischaufbereitung	zwei Fallstromvergaser Solex 34 PDSIT, Startautomatik (beheizt)	Elektr. Einspritzung Bosch D-Jetronic,	Elektr. Einspritzung Bosch D-Jetronic,	zwei Fallstromvergaser Solex 40 PDSIT, Startautomatik (beheizt)	zwei Fallstromvergaser Solex 40 PDSIT, Startautomatik (beheizt)
Ventile pro Zylinder	2 (ohv)	2 (ohv)	2 (ohv)	2 (ohv)	2 (ohv)
Ventilsteuerung	zentrale Nockenwelle, Stoßstangen u. Kipphebel, Stirnräder	zentrale Nockenwelle, Stoßstangen u. Kipphebel, Stirnräder	zentrale Nockenwelle, Stoßstangen u. Kipphebel, Stirnräder	zentrale Nockenwelle, Stoßstangen u. Kipphebel, Stirnräder	zentrale Nockenwelle, Stoßstangen u. Kipphebel, Stirnräder
Kurbelwellenlager	4	4	4	4	4
Kühlung	Gebläse (Luft)	Gebläse (Luft)	Gebläse (Luft)	Gebläse (Luft)	Gebläse (Luft)
Schmierung	Druckumlauf (3,5 L Öl), Ölkühler	Druckumlauf (3,5 L Öl), Ölkühler	Druckumlauf (3,5 L Öl), Ölkühler	Druckumlauf (3,5 L Öl), Ölkühler	Druckumlauf (3,5 L Öl), Ölkühler
Batterie	12 V 45 Ah (unter Fahrersitz Drehstrom 450 W (Automatik: 540 W)	12 V 45 Ah (unter Fahrersitz Drehstrom 770 W	12 V 45 Ah (unter Fahrersitz Drehstrom 770 W	12 V 45 Ah (unter Fahrersitz Drehstrom 770 W	12 V 45 Ah (unter Fahrersitz Drehstrom 770 W
Lichtmaschine	0,7 PS (Automatik: 0,8 PS)	0,7 PS (Automatik: 0,8 PS)	0,7 PS (Automatik: 0,8 PS)	0,7 PS (Automatik: 0,8 PS)	0,7 PS (Automatik: 0,8 PS)
Anlasser	0,6, ab 08/1966: 0,7 PS	0,6, ab 08/1966: 0,7 PS	0,6, ab 08/1966: 0,7 PS		
Kraftübertragung	Heckantrieb Motor hinter, Getriebe vor Hinterachse	Heckantrieb Motor hinter, Getriebe vor Hinterachse	Heckantrieb Motor hinter, Getriebe vor Hinterachse	Heckantrieb Motor hinter, Getriebe vor Hinterachse	Heckantrieb Motor hinter, Getriebe vor Hinterachse
Kupplung	Einscheibentrocken	Einscheibentrocken	Einscheibentrocken	Einscheibentrocken	Einscheibentrocken
Schaltung	Schaltstock/Wählhebel in Wagenmitte	Schaltstock/Wählhebel in Wagenmitte	Schaltstock/Wählhebel in Wagenmitte	Schaltstock/Wählhebel in Wagenmitte	Schaltstock/Wählhebel in Wagenmitte
Getriebe	Viergang manuell, a.W. Dreistufen-Automatik	Viergang manuell, a.W. Dreistufen-Automatik	Viergang manuell, a.W. Dreistufen-Automatik	Viergang manuell, a.W. Dreistufen-Automatik	Viergang manuell, a.W. Dreistufen-Automatik
Synchronisierung	I – IV	I – IV	I – IV	I – IV	I – IV
Übersetzungen	I. 3,81 – II. 2,11 – III. 1,40 – IV. 1,0, Automatik: I. 2,65 – II. 1,59 – III. 1,0	I. 3,81 – II. 2,11 – III. 1,40 – IV. 1,0, Automatik: I. 2,65 – II. 1,59 – III. 1,0	I. 3,81 – II. 2,11 – III. 1,40 – IV. 1,0, Automatik: I. 2,65 – II. 1,59 – III. 1,0	I. 3,81 – II. 2,11 – III. 1,40 – IV. 1,0, Automatik: I. 2,65 – II. 1,59 – III. 1,0	I. 3,81 – II. 2,11 – III. 1,40 – IV. 1,0, Automatik: I. 2,65 – II. 1,59 – III. 1,0
Antriebsübersetzung	3,73 (3,67 Auto)	Schalter : Lim 3,73 / Var 3,91; Auto : Lim 3,67 / Var 3,91	Schalter : Lim 3,73 / Var 3,91; Auto : Lim 3,67 / Var 3,91	Schalter : Lim u. Var 3,90; Auto : Lim + Var 3,91	Schalter : Lim 3,73 / Var 3,90; Auto : Lim 3,72 / Var 3,91
Fahrwerk					
Aufbau-Art	Selbstragend, Ganzstahlkarosserie	Selbstragend, Ganzstahlkarosserie	Selbstragend, Ganzstahlkarosserie	Selbstragend, Ganzstahlkarosserie	Selbstragend, Ganzstahlkarosserie
Vorderrad-Aufh.	McPherson-Federbeine; Querlenker; Stabi	McPherson-Federbeine, Querlenker, Stabi	McPherson-Federbeine; Querlenker, Stabi	McPherson-Federbeine; Querlenker, Stabi	McPherson-Federbeine; Querlenker; Stabi
Hinterrad-Aufh.	Schräglenkerachse (Doppelgelenk); Teleskopd., Schrauben- u. Gummihohlfedern	Schräglenkerachse (Doppelgelenk); Teleskopd., Schrauben- u. Gummihohlfed.; Stabi (nicht Variant)	Schräglenkerachse (Doppelgelenk); Teleskopd.; Schrauben- u. Gummihohlfedern; Stabi (nicht Vari)	Schräglenkerachse (Doppelgelenk); Teleskopd., Schrauben- u. Gummihohlfedern; Stabi (nicht Vari)	Schräglenkerachse (Doppelgelenk); Teleskopd., Schrauben- u. Gummihohlfedern; Stabi (nicht Vari)
Lenkung	Kugelumlauf (19,135 : 1)	Kugelumlauf (19,135 : 1)	Kugelumlauf (19,135 : 1)	Kugelumlauf (19,135 : 1)	Kugelumlauf (19,135 : 1)

→

Bremsen vorn/hinten (mm)	Zweikreis-Hydraulik, Scheiben (ø=280 mm)/ Trommeln (ø 248 mm)	Zweikreis-Hydraulik, Scheiben (ø=280 mm)/ Trommeln (ø 248 mm), ab Aug. 1971 a.W. mit Bremskraftverstärker	Zweikreis-Hydraulik, Scheiben (ø=280 mm)/ Trommeln (ø 248 mm), a.W. mit Bremskraft-verstärker	Zweikreis-Hydraulik, Scheiben (ø=280 mm)/ Trommeln (ø 248 mm), a.W. mit Bremskraft-verstärker	Zweikreis-Hydraulik, Scheiben (ø=280 mm)/ Trommeln (ø 248 mm), a.W. mit Bremskraft-verstärker
Allg. Daten					
Radstand (mm)	2500	2500	2500	2500	2500
Spurweite vorn/ hinten (mm)	1376/1342	1376/1350	1376/1350	1386/1350	1386/1350
Außenmaße (mm)	4525 x 1635 x 1485; 4553 x 1650 x 1485 (L-Version)	4525 x 1635 x 1485; 4553 x 1650 x 1485 (LE)	4 555 x 1 675 x 1 475; 4 583 x 1 675 x 1 475 (LE)	4555 x 1675 x 1475; 4583 x 1675 x 1475 (L-Version)	4555 x 1675 x 1475; 4583 x 1675 x 1475 (L-Version)
Kofferraum (L)	400 + 170	400 + 170, Variant: 400 + 710	Lim 550 gesamt, Variant: 1080 (Sitzbank senkr)	Lim 550 gesamt, Variant: 1080 gesamt (Sitzbank senkr)	Lim 550 gesamt, Variant: 1080 gesamt (Sitzbank senkr)
Tankinhalt (L)	50 (vorn)	50 (vorn)	50 (vorn)	50 (vorn)	50 (vorn)
Räder	4.5 J x 15	4.5 J x 15	4.5 J x 15	4.5 J x 15	4.5 J x 15
Reifen	155 SR 15	155 SR 15 (auch 165 SR 15, Serie für Variant)	155 SR 15 (auch 165 SR 15, Serie für Variant)	155 SR 15 (auch 165 SR 15, Serie für Variant)	155 SR 15 (auch 165 SR 15, Serie für Variant)
Wendekreis (m)	11,7	11,7	11,7	11,7	11,7
Bodenfreiheit (cm)	13,5	13,5	13,5	13,5	13,5
Leermasse (kg)	1020 (Zweitürer), 1040 (Viertürer),	1020 (Zweitürer), 1040 (Viertürer), 1100 (Variant)	1080 (Zweitürer), 1100 (Viertürer), 1120 (Variant)	1080 (Zweitürer), 1100 (Viertürer), 1120 (Variant)	1080 (Zweitürer), 1100 (Viertürer), 1120 (Variant)
zul. Gesamtgewicht (kg)	1470	1470 (Variant: 1 645)	1530 (Variant: 1 665)	1530 (Variant: 1 665)	1530 (Variant: 1 665)
Höchstgeschwindigkeit (km/h)	145 (Automatik: 142)	155 (Automatik: 152)	155 (Automatik: 152)	150 (Automatik: 147)	158 (Automatik: 155)
Beschl. 0 bis 100 km/h (s)	18,5 (Automatik: 21)	15 (Automatik: 16,5); Variant : wie Lim	15 (Automatik: 16,5); Variant: wie Lim	Lim 16,5 (Auto: 18,5); Variant: 17,5 (Auto 20)	Lim 14,5 (Automatik: 16,0); Variant: 15,0 (Auto 17,5)
Verbrauch/Werk (L/100 km)	10,8 N (Automatik: 11,5 N)	10,0 S (Automatik: 10,5 S)	10,4 S (Automatk: 11,4 S)	10,2 N (Automatk: 11,0 N); Variant: wie Lim	10,0 S (Automatk: 10,4 S); Variant: wie Lim
Preis Lim 2 Türer ohne L (DM)	7700 (1968), Automatik: + 800	7985 (8/1969)	9670 (8/1972)	10.150 (8/1973)	10.300 (8/1973)
Preis Variant ohne L (DM)		8355 (8/1969)	10.070 (8/1972)	10.575 (8/1973)	10.725 (8/1973)

Kann man gut verstehen: Die große Freude über den neuen Familienwagen, einen viertürigen VW 411 LE, 1969. (Sammlg. Alexander F. Storz)

Die Fahreigenschaften eines voll beladenen VW 412 Variant testete die Autozeitschrift »mot« auf dem kleinen Sportflugplatz von Renningen-Malmsheim vor den Toren Stuttgarts. Sehr schön zu sehen hier die geänderte Ladeklappe und die neue Kennzeichenbeleuchtung. (Schwab/Sammlg. Kuch)

Wir bilden keine Meinung:

Wir sagen, was Sache ist.

AUTOStraßenverkehr. Sachlich. Clever. Kompakt.